高压下光伏钙钛矿的电输运和光电性质

欧天吉　著

哈尔滨工程大学出版社
Harbin Engineering University Press

内 容 简 介

本书基于著者近年来的科研成果,比较系统地介绍了压力对有机-无机杂化钙钛矿材料的电输运性质和光电性质的调控作用和内部机制。全书共6章,第1章介绍了钙钛矿电池的发展背景和钙钛矿材料基本的性质。第2章介绍了研究过程中所用到的高压实验技术和理论基础。第3章至第6章介绍了高压调控下钙钛矿材料的性质及内在物理机制。

本书可供从事有机-无机杂化钙钛矿材料高压研究和其他相关专业的科技人员参考使用,也可以为高压科学研究工作者提供技术参考和基础理论。

图书在版编目(CIP)数据

高压下光伏钙钛矿的电输运和光电性质/欧天吉著.—哈尔滨:哈尔滨工程大学出版社,2020.12
ISBN 978-7-5661-2861-4

Ⅰ.①高… Ⅱ.①欧… Ⅲ.①光生伏打效应-钙钛矿-研究 Ⅳ.①P578.4

中国版本图书馆 CIP 数据核字(2020)第 233599 号

高压下光伏钙钛矿的电输运和光电性质
GAOYA XIA GUANGFU GAITAIKUANG DE DIANSHUYUN HE GUANGDIAN XINGZHI

选题策划	雷 霞
责任编辑	卢尚坤 刘海霞
封面设计	刘长友

出版发行　哈尔滨工程大学出版社
社　　址　哈尔滨市南岗区南通大街145号
邮政编码　150001
发行电话　0451-82519328
传　　真　0451-82519699
经　　销　新华书店
印　　刷　北京中石油彩色印刷有限责任公司
开　　本　787 mm×960 mm　1/16
印　　张　8.75
字　　数　166 千字
版　　次　2020年12月第1版
印　　次　2020年12月第1次印刷
定　　价　40.00元

http://www.hrbeupress.com
E-mail:heupress@hrbeu.edu.cn

前　　言

能源和环境是推动社会发展的主要因素,加快开发和利用可再生能源已成为国际社会的共识。太阳能是可再生能源的重要来源,太阳能电池能够捕获太阳能直接转化为电能,是太阳能利用最具活力的方式。近几年,基于具有$ABX_3[A=Cs,MA(CH_3NH_3^+),FA(HC(NH_2)_2^+);B=Pb;X=I,Br,Cl]$结构的有机－无机卤化铅钙钛矿(HPs)材料的钙钛矿太阳能电池在效率提升方面取得了重大突破。2009年Miyasaka课题组首次提出钙钛矿太阳能电池时,其光电转换效率只有3.8%,在短短的10年时间里,单结钙钛矿电池的光电转换效率已被提高到25.2%,可媲美已有40多年发展历程的传统硅基太阳能电池。就效率而言,HPs材料已经超越了某些成熟的薄膜光伏技术的性能。除此之外,HPs材料还可以应用于光电探测器、发光二级管、激光器、薄膜晶体管和其他光电或微电子器件,具有广阔的商业前景。然而,HPs材料在充分发挥其潜力之前亟需解决一些问题:(1)从实践角度探索提高HPs材料光伏性能的新方法;(2)从科学角度全面了解HPs材料结构－性质的内在关系。压力作为重要手段可以改变材料的结构和电子结构,进而改变材料的电输运性质和光电性质。近几年,高压科学工作者对压力如何调控有机－无机杂化钙钛矿的结构、光学性质和电学性质产生了浓厚的兴趣。在高压下有机－无机杂化钙钛矿中获得了其他手段和方法无法获得的优异性质,如载流子寿命变长,吸光度增强以及金属化等。

有机－无机杂化钙钛矿的高压研究在理解结构－性质关系和有机－无机杂化钙钛矿的性能优化方面发挥了重要作用,但目前为止,还没有系统介绍高压下有机－无机杂化钙钛矿材料性质的演化过程和内部物理机制的综述或书籍,因此本书应运而生。著者一直从事高压光伏钙钛矿材料的性质研究,本书基于近几年主要的科学研究成果而著,目的是系统介绍压力对有机－无机杂化钙钛矿材料电输运性质和光电性质的调制作用和内部物理机制。本书既可以为从事有机－无机杂化钙钛矿材料高压研究的科技人员提供实验指导,也可以为钙钛矿电池研究的工作者提供理论参考。

本书由内蒙古民族大学博士科研启动基金资助出版。

由于著者水平有限,书中难免存在疏漏之处,敬请广大读者批评指正。

著 者

2020 年 6 月

目　　录

第1章　绪论 ………………………………………………………………… 1
　1.1　太阳能电池简介 ……………………………………………………… 1
　1.2　有机金属卤化物钙钛矿太阳能电池工作原理 ……………………… 4
　1.3　有机-无机杂化钙钛矿 ………………………………………………… 6
　1.4　HOIP 中的离子传导 …………………………………………………… 12
　1.5　HOIP 中的介电性质 …………………………………………………… 19
　1.6　HOIP 中的电感和负电容 ……………………………………………… 21
　参考文献 …………………………………………………………………… 22

第2章　理论基础和实验技术 ……………………………………………… 30
　2.1　高压实验技术及意义 ………………………………………………… 30
　2.2　交流阻抗谱 …………………………………………………………… 34
　2.3　高压光电导 …………………………………………………………… 49
　2.4　高压同步辐射 ………………………………………………………… 51
　2.5　扫描电子显微镜和透射电子显微镜 ………………………………… 52
　参考文献 …………………………………………………………………… 53

第3章　高压下 $MAPbI_3$ 的电输运和光电性质 ………………………… 55
　3.1　$MAPbI_3$ 的研究背景 ………………………………………………… 55
　3.2　高压下 $MAPbI_3$ 的电输运性质 …………………………………… 57
　3.3　高压下 $MAPbI_3$ 的结构演化 ……………………………………… 59
　3.4　高压下 $MAPbI_3$ 的光电导 ………………………………………… 62
　3.5　高压下 $MAPbI_3$ 的表面与界面表征 ……………………………… 63
　参考文献 …………………………………………………………………… 65

第 4 章　高压下 MAPbBr$_3$ 的电输运和光电性质 ·············· 67
4.1　MAPbBr$_3$ 的研究背景 ·············· 67
4.2　高压下 MAPbBr$_3$ 的电输运性质 ·············· 69
4.3　高压下 MAPbBr$_3$ 的光电导 ·············· 77
参考文献 ·············· 81

第 5 章　高压下 FAPbBr$_3$ 的电输运和光电性质 ·············· 86
5.1　FAPbBr$_3$ 的研究背景 ·············· 86
5.2　高压下 FAPbBr$_3$ 的电输运性质 ·············· 91
5.3　高压下 FAPbBr$_3$ 的光电导 ·············· 105
参考文献 ·············· 106

第 6 章　高压下 CsPbBr$_3$ 的电输运和光电性质 ·············· 114
6.1　CsPbBr$_3$ 的研究背景 ·············· 114
6.2　高压下 CsPbBr$_3$ 的电输运性质 ·············· 118
6.3　高压下 CsPbBr$_3$ 的光电导 ·············· 127
参考文献 ·············· 130

第1章 绪 论

1.1 太阳能电池简介

人口的持续增长和重工业的迅速发展导致了能源需求的不断增长。为了满足不断增长的能源需求,当前和未来的能源系统应该具有低成本高效益、实用性强、可持续性好和环境污染小等特点。化石燃料等不可再生能源的消耗殆尽是人类无法避免的问题。目前,最大的挑战是开发能源系统,通过利用可再生和可持续的能源来满足日常需求。尽管化石燃料可以提供大量的能量,但是化石燃料的燃烧会释放出大量的温室气体,导致空气污染和全球变暖,并且会严重破坏生态系统。因此,科学家和研究人员正不断努力开发能源系统,以期从可再生和可持续的资源(如太阳、风、波浪和地热能等)中获取清洁能源。风能取决于天气条件,波浪能可从海洋中获取,地热能则来源于地壳内部热岩石和流体,因此这三种形式的能量获取与位置有关。最容易获取和利用的是辐射到地球表面、取之不尽用之不竭的太阳能。

太阳是可再生能源最重要的来源。地球上大气层的太阳能通量为 174 000 TW[1]。联合国开发计划署在2000年的全球能源估算中写出,太阳每年辐射通量为 $1.575 \sim 49.837 \times 10^{11}$ J,远远高于全球能源的利用量(2012 年约 559.8 EJ)[2-3]($1 \text{ EJ} = 1 \times 10^{18}$ J)。地球上接收的太阳能通量取决于地理区域的纬度。纬度低于45°N且高于45°S的国家,每年收到的太阳辐射超过 $1\,600\,(\text{kW} \cdot \text{h})/\text{m}^2$,美国、非洲、中东和澳大利亚北部的一些地区接收的太阳辐射达到峰值。

太阳能可以通过光伏电池捕获并直接转化为电能,光伏电池是一种光电设备,其电学性质,如电流、电压和电阻,一旦受到太阳辐射就会发生变化。通常这种光伏电池被称为太阳能电池。一些太阳能电池用于捕获地球表面的太阳辐射,而一些太阳能电池设计用于空间应用。太阳能电池设计成单结或多结结构,以利于多光种吸收和光诱导电荷解离过程。近年来,随着太阳能电池价格的大幅下降,太阳能现已被确立为具有低成本高效益的可靠清洁能源。在不到10年的时间里,太阳能电池的生产成本下降了75%,因此太阳能电池已成为最具有竞争力的太阳能利用设备。2014 年和 2019 年累计光伏安装总量排名前十的国家，如图 1.1 所示。

(a)2014年累计光伏安装总量178 GW

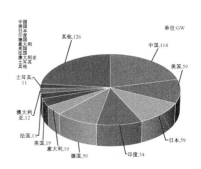
(b)2019年累计光伏安装总量540 GW

图1.1　累计光伏安装总量排名前十的国家

太阳能电池根据其发展阶段分为第一代、第二代、第三代太阳能电池，如图 1.2 所示。第一代太阳能电池以晶体硅为基础，是光伏技术的主要半导体。晶体硅是硅的结晶相似物，存在单晶硅和多晶硅两种形式。第二代太阳能电池是指包括碲化镉（CdTe）、铜铟镓硒（CIGS）及非晶硅组成的薄膜太阳能电池，薄膜厚度在几纳米到几十微米之间，这比第一代硅基太阳能电池硅片（厚度约 200 μm）要薄得多，这种薄膜技术成本低廉但是转换效率更低一些。其他正在研发阶段的薄膜电池是第三代太阳能电池，包括有机聚合物、染料敏化、铜锡锌硫、纳米晶、微晶、量子点以及钙钛矿等太阳能器件。

2009 年，Kojima 和 Miyasaka 首次将有机－无机杂化钙钛矿（hybrid organic-inorganic perovskite，HOIP），即 CH_3NH_3PbB（$MAPbBr_3$）和 $MAPbI_3$ 应用在敏化太阳能电池中，虽然当时合成出来的电池器件的光电转化效率只有 3.8%，但是从此拉开了科学家们对钙钛矿电池研究的序幕[4]。2011 年，Park 等把电解质溶剂从乙腈改为乙酸乙酯，并在钙钛矿前驱液中引入 $MAPbI_3$ 量子点，通过旋涂技术沉积在 TiO_2 纳米晶表面上，转化效率进一步提升到 6.5%[5]。然而，由于钙钛矿会在液体电解质中溶解，合成出来的器件稳定性非常差。2012 年，Lee 和 Kim 等分别用固态的 $MAPbI_3$ 和 $MAPbI_xCl_{1-x}$ 制作出固态的 HOIP 光伏电池，并且用固态空穴传输材料代替液态电解质，其转化效率达到 8%~10%，在当时超过了固态染料敏化电池和一些有机光伏材料电池[6]。从那时起，钙钛矿电池的转化效率记录不断被刷新。在 2013 年，Burschka 等人报道了第一个经过认证的钙钛矿电池，其转化效率约为 15%[7]。从 2013 年到 2018 年，经过认证的钙钛矿电池的转化效率快速增加到 22% 以上[8]。图 1.3 显示了近几年钙钛矿电池的转化效率提升图以及相关文献。在不到 10 年的时间里,钙钛矿电池的转化效率已经提升到 23.9%(提升了 20%)。对比无机太阳能电池,其转化效率提升 10% 大约需要 20 年的时间。

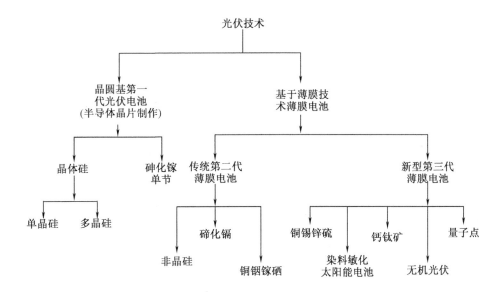

图 1.2　太阳能电池分类以及其目前的市场额占比

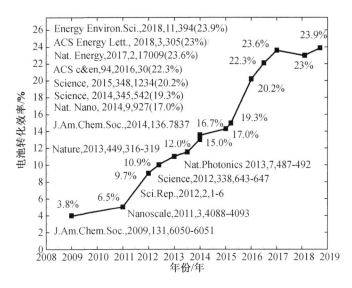

图 1.3　钙钛矿太阳能电池转化效率提升图和相关参考文献

钙钛矿电池转化效率快速提升主要是因为卤化物钙钛矿吸收层具有优异的物理性质:(1)容易制备,价格低廉,器件高效;(2)可调节的直接带隙,卤化物钙钛矿具有合适的带隙宽度约 1.5 eV,可以通过改变 A 位、B 位和 X 位的原子来调节带隙;(3)光吸收系数高,卤化物钙钛矿的吸收能力比其他的有机染料高 10 倍以上;(4)与无机聚合物相比,HOIP 具有较大的介电常数,进而导致小的激子结合能(20 mV)、较长的扩散长度和寿命;(5)低温溶液制备;(6)可见光范围的全谱吸收。

钙钛矿太阳能电池性能的快速改善造成了一个困境,即通过转化效率测量的技术进步比从合成、结构和光电性能的角度去理解材料内在的物理和化学性质发展得更快[9]。因此深入理解 HOIP 结构 – 性质 – 性能之间的关系,不但有助于了解材料的潜力和局限性,还有助于器件合理的"设计规则"发展和 HOIP 在其他领域的应用。

1.2 有机金属卤化物钙钛矿太阳能电池工作原理

光吸收、载流子分离、载流子传输、载流子复合是传统太阳能电池的工作过程。钙钛矿太阳能电池的工作原理如图 1.4 所示。每层能量的最低值代表 HOMO 轨道能级,能量的最高值代表 LUMO 轨道能级。箭头表示的是载流子的转移路径。

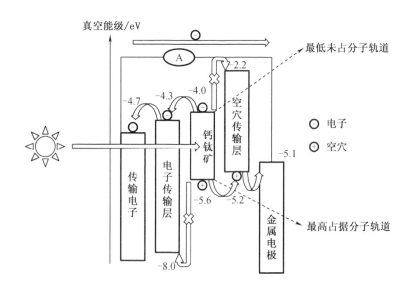

图 1.4 钙钛矿太阳能电池工作原理能带图

太阳光透过透明的导电玻璃(阳极)照射到钙钛矿层。在活性钙钛矿层中，如果阳光中的光子的能量高于钙钛矿材料的带隙，则光子的能量被吸收并激发出激子。由于导电玻璃和金属电极(阴极)之间存在电位差，会形成内部电场，使得激子分离为自由电荷载流子，也就是电子和空穴。随后，电子被传输到电子传输层(electronic transport layer, ETL)，而空穴被传输到空穴传输层(hole-transport layer, HTL)。紧接着电子和空穴分别被传输到导电玻璃和金属电极，然后电子通过连接两个电极之间的外部回路移动，移动的电子会在回路中产生电流。最终，电子到达金属电极，在金属电极中，电子和空穴发生复合。

为了组装太阳能电池，必须选择光收集器并且研究它们的光电性质。例如，如果光收集器是本征半导体，则需要构建p-i-n结构。如果光收集器是p型或n型半导体，则需构建p-n结构，因为n型或p型半导体可以把电子或空穴传输到光收集器上。有机金属钙钛矿材料因其具有平稳的载流子传输性质，不但可以形成p-i-n结也可以形成p-n结。

基于有机金属卤化物钙钛矿的独特性质，可以组装出两种典型的结构:介孔纳米结构和平面结构。图1.5为器件结构和热力学原理图。钙钛矿量子点吸附在TiO_2表面的情况下，电子从钙钛矿层注入TiO_2完成载流子分离[6,10]。在这种情况下，其工作原理和燃料敏化固态太阳能电池的原理非常相似。然而，介孔纳米结构(图1.5(a))和无纳米TiO_2层平面结构(图1.5(b))的工作机制是不同的，这是因为在钙钛矿中存在载流子传输[11-12]和载流子复合机制[13]。对比介孔结构和平面结构的载流子传输和复合机制，前者的太阳能电池的转化效率要比后者的低，这也是影响光伏效率的主要原因[14]。结果表明，传输率相同但是介孔结构的复合率要高一些。由于载流子的传输和复合与扩散长度有关，所以太阳能电池的低性能归因于低的扩散长度和低的复合阻力，促进了载流子的复合。也有人认为，在介孔结构中占主导地位的运输路径是钙钛矿。然而，对比研究金红石和锐钛矿TiO_2介孔膜，却发现了不同的光伏性能，这表明不能排除通过介孔TiO_2层传输[15]。在介观纳米结构中，人们一直在努力尝试通过使用新型的纳米材料(如ZnO纳米棒、3D-TiO_2纳米粒/ITO纳米线复合材料、TiO_2纳米粒/石墨烯纳米材料等)促进载流子的传输[16-18]。

介观材料的界面工程是控制载流子的传输和复合的很好方法。最近发现，超薄的MgO纳米层会延缓注入TiO_2中的电子与钙钛矿中的空穴的复合[20]。这项研究说明了界面工程对提高太阳能电池性能的重要性。同时，在平面结构中，界面工程也会影响载流子的传输和复合。Yang等用聚乙烯亚胺(PEIE)优化ITO层，通过在压缩的TiO_2层掺杂钇来减少逸出功，增加载流子浓度，从而提高在平面太阳能电池中的电子传输[21]。Zhang等插入聚合电解质媒介层，例如PEIE、

P3TMAHT 等,获得了高达 12% 的转化效率,这归因于表面偶极子的形成减少了随后电镀层的逸出功[22]。

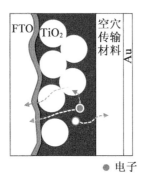
(a)具有介孔 TiO_2 层的钙钛矿太阳能电池

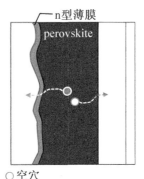
(b)不含介孔 TiO_2 层的平面结构

图 1.5　器件结构和热力学原理图[19]

除了以上两种典型钙钛矿太阳能电池结构,无空穴传输层的结构也是可能存在的,因为钙钛矿具有空穴传输性质。在无空穴传输层的钙钛矿太阳能电池中,薄钙钛矿层需要平滑的表面以防止形成分流途径和后部接触,便于提高电池性能。2012 年第一次报道了利用 FTO/2D 薄片 $TiO_2/CH_3NH_3PbI_3$/Au 组成的无空穴传输材料太阳能电池的转化效率为 5.5%[23]。2013 年,利用更薄的 TiO_2 纳米粒代替 TiO_2 纳米片,转化效率提高至 8%[24]。无空穴材料的太阳能电池的光伏性能取决于 TiO_2 - $CH_3NH_3PbI_3$ 之间的过渡层宽度,通过增加 TiO_2 消耗而部分增大过渡层宽度得到的转化效率为 10.85%[25]。Han 等研究了简单的介观 TiO_2/ZrO_2/C 三明治结构[26],发现 ZrO_2 会阻止光生电子向后面流动,从而延迟了复合时间。

1.3　有机 - 无机杂化钙钛矿

1.3.1　晶体结构

有机 - 无机杂化钙钛矿(HOIP)分子的一般形式为 ABX_3 结构,其中 A 和 B 为阳离子,X 为阴离子[27]。在 A 位置是一个单价的阳离子,可以是有机基团(例

如 $MA^+(CH_3NH_3^+)$，$FA^+(CH(CH_2)_2^+)$），可以是无机阳离子（例如 Cs^+，Rb^+），也可以是有机-无机离子的混合物。在 B 位置，通常是一个二价的金属阳离子如 Pb^{2+}、Sn^{2+}、Ge^{2+} 和 Cu^{2+} 等。X 位置是单价的卤族元素（Cl^-、Br^- 和 I^-）。在钙钛矿的晶胞中，B 位的阳离子和 X 位的阴离子形成 $[BX_6]^{4-}$，八面体通过共享 A 位的阳离子扩展形成三维网格结构。其结构示意图如图 1.6 所示。

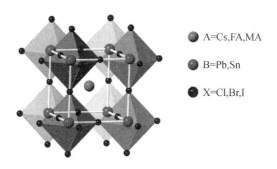

图 1.6 HOIP 的结构示意图

容忍因子 t（goldschmidt tolerance factor）和八面体因子 μ（octahedra factor）已经被广泛认为是评估钙钛矿晶体结构稳定性的可靠参数，计算 t 和 μ 的公式分别为

$$t = \frac{r_A + r_X}{\sqrt{2}(r_B + r_X)} \tag{1.1}$$

$$\mu = \frac{r_B}{r_X} \tag{1.2}$$

式中 r_A——A 位置阳离子半径；

r_B——B 位置阳离子半径；

r_X——X 位置阴离子半径。

容忍因子用于衡量 A 位阳离子是否适合 BX_3 框架中形成的空腔[11]。当容忍因子等于 1 时，A 位置的阳离子可以与 BX_3 框架完美地契合。当容忍因子大于 1 的时候，由于 A 位置的阳离子太大而不能形成钙钛矿结构。当容忍因子介于 0.8~1 时，BX_6 八面体发生倾斜，形成的钙钛矿结构会发生扭曲。当容忍因子小于 0.8 时，A 位置的阳离子过小，也不能形成钙钛矿结构。值得注意的是，广泛应用的 Shannon 离子半径主要是从氧化物或者氟化物中获得的，不适合较重的结构。因此，Travis 等提出卤族阴离子的半径保持标准的 Shannon 离子半径值，但是在卤化物钙钛矿中对金属的半径做了一系列修正[28]。通过容忍因子预测钙钛矿结构稳定性存在的不足，并通过八面体因子来补偿。八面体因子是用来衡量 B

位置的阳离子是否具有合适的尺寸与 X_6 形成八面体。据报道,对于一个稳定的钙钛矿,半径比(r_B/r_X 的值)应该介于 0.442 和 0.895 之间[29]。

当 t 偏离数值 1 的时候,可以得到钙钛矿晶胞的非对称晶体结构。例如,甲脒基铅碘(FAPbI$_3$)被广泛地应用于高效太阳电池和发光二极管(light emitting diode,LED)中,如图 1.7 所示,在 360 K 以上的温度,FAPbI$_3$ 具有立方相结构(α - 相)。温度在 130 ~ 200 K 时,FAPbI$_3$ 转变为四方相结构(β 相)。当温度低于 130 K 时,FAPbI$_3$ 转变为正交相结构(γ 相)[30]。此外,在液体界面时,FAPbI$_3$ 在 360 K 以下还会转变成 δ 相结构。δ 相的 FAPbI$_3$ 具有宽禁带 E_g = 2.1 eV,和 α 相的 FAPbI$_3$ 相比,具有较低的电荷载流子迁移率,这会降低以 FAPbI$_3$ 为基础器件的性能[31]。同样,在 MAPbI$_3$ 中,在 327 K 以上晶体呈现 α 相结构,温度高于 165 K 低于 327 K 时,发生 α 相到 β 相的转变,在低于 165 K 时转变成 γ 相[32]。上述现象表明,对于同一种钙钛矿材料,不同的容忍因子会使材料表现出不同的结构和性质。此类钙钛矿材料理论计算的 t 和 μ 值如图 1.8 所示,其中 MA 代表 CH$_3$NH$_3$,EA 代表 CH$_3$CH$_2$NH$_3$,含 NH$_2$CH = NH$_2$ 的材料的数值认为在二者之间。

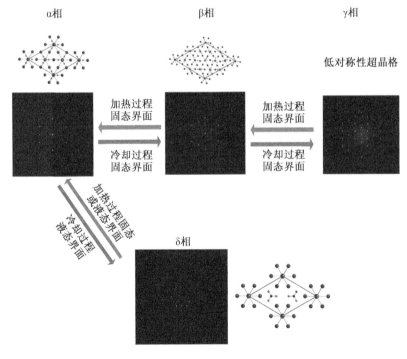

图 1.7　FAPbI$_3$ 中的温致相转变过程

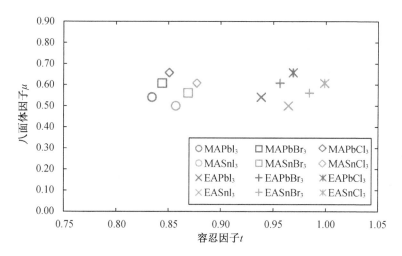

图1.8 卤化物钙钛矿理论计算的容忍因子 t 和八面体因子 μ 数值

1.3.2 电子结构和电荷传输

理论计算得到的电子结构有利于预测半导体基本的电学性质和光学性质，并为进一步的实验研究提供参考。密度泛函理论（density functional theory，DFT）已经被广泛地应用于预测 HOIPs 的电子结构。例如，使用标准"perdew-burke-ernzerhof"（PBE）的 DFT 计算室温条件下 MAPbI$_3$ 四方相（β-MAPbI$_3$）的带隙，并通过"heyd-scuseria-ernzerhof"（HSE）对带隙进行修正，确定在 Γ 点的带隙为 1.50 eV，如图 1.9 所示[30,34]。值得注意的是，β-MAPbI$_3$ 是直接带隙半导体，意味着价带顶和导带底发生在布里渊区的同一个点上，从而导致光吸收或发射没有声子的产生。这一点对提高 HOIPs 基光电晶体管和发光晶体管器件的效率有非常重要的作用。立方相（α-MAPbI$_3$）和正交相的 MAPbI$_3$（γ-MAPbI$_3$）也是直接带隙半导体，与 β-MAPbI$_3$ 有相似的带隙值[30,35]。HOIPs 中电荷载流子的传输与电子能带结构相关，如式（1.3）和式（1.4）所示：

$$\mu = \frac{e \cdot \tau}{m^*} \tag{1.3}$$

$$m^* = \hbar^2 \left[\frac{\partial^2 \omega(k)}{\partial^2 k} \right]^{-1} \tag{1.4}$$

式中　μ——电荷载流子迁移率；
　　　e——基本电荷；

τ——温度相关的散射寿命;

m^*——电荷载流子的有效质量;

$\hbar$——约化普朗克常数,$\hbar=h/2\pi$(h 为普朗克常数);

$\omega(k)$——能量色散关系函数。

$\omega(k)$ 由能带结构决定[36]。如式(1.3)所示,电子和空穴的有效质量越小,载流子的迁移率越大。如式(1.4)所示,载流子的有效质量与相应的电子能带曲率成反比,即越靠近边缘的分散带,载流子的有效质量越小。如图1.9 所示的导带和价带图中,价带最大值在零点,电子和空穴的有效质量分别为 $0.2m_0$ 和 $0.27m_0$。沿 $\Gamma-Z$ 方向,这些具有较小有效质量的载流子在原则上会产生较高的载流子迁移率[33]。

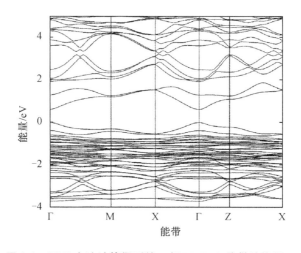

图1.9　PBE 方法计算得到的 β 相 MAPbI₃ 能带结构图

图1.10 显示的是 β-MAPbI₃ 的态密度图,用来表示 MAPbI₃ 中每个元素对导带和价带的贡献[33]。从图中我们可以看到,价带顶止下方的 Pb-6s 峰与 I-5p 峰重叠,说明 Pb-6s 态和 I-5p 态之间存在明显的杂化。导带主要来自 Pb-6p 态。相比之下,MA⁺ 离子的电子贡献远离能带边缘,说明没有来自有机阳离子的电子贡献。相反,有机阳离子被认为对钙钛矿结构稳定性和晶格常数有重要作用。因此,β-MAPbI₃ 中的载流子主要通过 $[PbI_6]^{4-}$ 八面体传输,即空穴通过杂化的 Pb-6s 态和 I-5p 态传输,而电子通过 Pb-6p 态传输。与常规的无机半导体(如 GaAs、CdTe)相比,对于导带,β-MAPbI₃ 中阳离子 Pb^{2+} 的 p 轨道明显比常规无机半导体中阴离子的 p 轨道具有更高的能级。这导致 β-MAPbI₃ 中的低导

带比无机半导体中的上价带更分散。对于价带,由于 Pb-6s 和 I-5p 的强耦合,MAPbI$_3$ 的上价带也非常分散。因此,上述的电子和空穴有效质量可以得到平衡,从而在 HOIPs-基场效应晶体管和太阳电池中存在双极导电特性[37-40]。这种双极性特征表明 HOIPs 在集成电路中具有很大的潜在应用价值,因为不需要通过掺杂来实现 p 型和 n 型导电的平衡,进而简化了电路的设计和器件的处理需求。

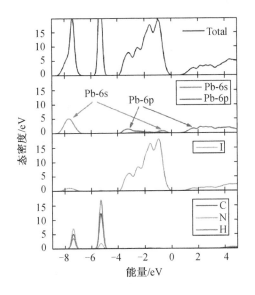

彩图

图 1.10 PBE 方法计算得到的 β 相 MAPbI$_3$ 态密度图

在纳米晶体 TiO$_2$ 上旋涂 CH$_3$NH$_3$PbI$_3$ 量子点,测得的吸收系数在 550 nm 处为 1.5×10^4 cm^{-1},这表示入射光波长为 550 nm 的透射深度只有 0.66 μm[5,41]。与传统的光伏材料 GaAs、CdTe、CIGS 等相比,CH$_3$NH$_3$PbI$_3$ 钙钛矿薄膜的吸收系数要高出 $10^4 \sim 10^5$ cm^{-1},其吸收光的范围与传统光伏材料相似[42]。通过紫外光电子吸收、紫外-可见光吸收、入射光子-电子效率谱测得 CH$_3$NH$_3$PbI$_3$ 的带隙在 $1.50 \sim 1.55$ eV[10] 之间。然而,带隙在 1.55 eV 不能满足全色光吸收,因为其吸收光的最大波长只能到 800 nm。因此有必要进行带隙调节以增大卤化物钙钛矿的吸收波长范围,而不改变其吸收系数。其中一种方法是用其他的有机基团代替甲胺有机基团,这样会改变 B-X-B 的键长和键角,而不影响他的价带顶的值[43]。例如,用甲脒基团代替甲胺基团,其带隙会减小 0.07 eV,相应的吸收波长会增加 40 nm[30]。另一种方法是直接改变 B-X 键,用 Sn 代替 Pb,其带隙会从 1.55 eV 减小到 7 eV,因此可以通过改变 Sn 和 Pb 的比例,其带隙可以在

1.55~1.17eV 之间调控。结合第一性原理,计算发现,改变 B-X 键会影响钙钛矿的价带顶和导带底的值,因为能带边是由 B 位置的金属离子轨道决定的[44]。图 1.11 是 ABX_3 能带模型的示意图。其中 A 代表 MA(甲胺)或 FA(甲脒),B 代表 Pb、Sn 或 $Sn_{1-x}Pb_x$,X 代表 Cl、Br、I 或 $I_{1-x}Br_x$。尽管以 Pb 为基础的钙钛矿材料如 $CH_3NH_3PbI_3$ 和 $HC(NH_2)PbI_3$ 比以 Sn 为基础的钙钛矿材料的光学性质好,但是以 Sn 为基础的钙钛矿材料具有更好的吸收系数,因此这两类材料都是钙钛矿电池的候选品。

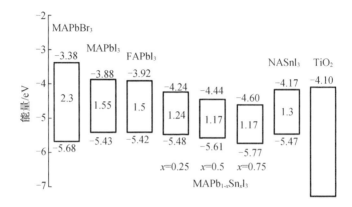

图 1.11 ABX_3 能带模型示意图

1.4　HOIP 中的离子传导

有机-无机钙钛矿中的离子传导在 30 多年以前就被发现[45],但是并未引起太多的关注。直到 2013 年 MRS 秋季会议上,Hoke[46]和 Snaith[47]报道了在介观结构的 HOIP 设备中存在异常的光电流密度-电压(J-V)迟滞效应,即在正扫和反扫过程中两条曲线出现了显著不重合的现象。正扫(forward scan)代表的是从短路电流到开路电压的扫描方向,反扫(reverse scan)所代表的是从开路电压到短路电流的扫描方向。因此在 HOIP 光伏器件中,根据扫描方向和扫描速率不同会得到截然不同的 J-V 曲线和转换效率。这一现象给器件效率的表征和电池的长期稳定性带来新的挑战,在应用 HOIP 光伏器件之前,了解迟滞效应的起源、消除迟滞效应是一个新兴的问题。更复杂的问题是,不同的器件结构和制备方法使得器件的滞后程度也不同。J-V 迟滞现象清楚地说明,在特定的光照条件和偏压下,在秒-分时间尺度内的测量过程中,钙钛矿层内发生了动态过程。钙钛矿电池中的 J-V 迟滞效应如图 1.12 所示。Snaith 预测 HOIP 中的离子迁移是 J-V 迟滞现象的原因[47]。2014 年,Xiao 等在具有平面异质结结构和对称电极的电池中发现巨大的可切换光伏效应,即扫描器件光电流的方向发生完全翻转[48];首次为电场改变 HOIP 材料形貌提供证据,同时也证明了离子迁移对 J-V 迟滞有重要贡献,进而排除了铁电的因素;在具有不同器件结构(垂直和横向结构),不同杂化钙钛矿材料(如 $MAPbI_3$、$MAPbBr_3$ 和 $FAPbI_3$)或不同电极材料(如 Au、Pt、Ni、C、Ga)的 HOIP 电池器件中也观察到了可切换器件极性的性质,说明 HOIP 的离子迁移是普遍存在和本征的性质。后来 Tress[49]等也提出了离子迁移与其他机制之间的关系,说明离子迁移是 J-V 迟滞现象的原因,虽然当时还没有离子迁移的直接证据。

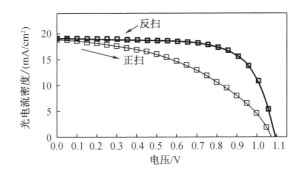

图 1.12 钙钛矿电池中的 J-V 迟滞效应

除了 J-V 测量中的迟滞现象之外,在 HOIP 材料和器件中观察到的许多其他的异常现象也可能源于离子的迁移。例如,尽管报道的 HOIP 的 Hall 迁移率($MAPbI_3$ 的迁移率约为 100 cm^2/Vs)与硅的 Hall 迁移率相当,但是获得高迁移率的 HOIP 晶体管具有很大挑战[50]。这可以通过栅介质或钙钛矿界面上迁移离子的聚集屏蔽栅场来解释。Chin 等表明冷冻 HOIP 晶体管器件使离子迁移冻结(小于 200 K),$MAPbI_3$ 晶体管具有相当好的迁移率[51]。再例如 Juarez-Perez 等报道的 HOIP 材料中的巨介电常数,在低频(约为 0.1 Hz)和 1 光流明照射条件下,$MAPbI_3-xCl_x$ 的静态介电常数约为 10^6[52]。离子传导被证明是光致巨介电常数的原因之一[53]。其他原因如电荷俘获效应也可能导致巨静态介电常数。

上述现象都与 HOIPs 中的离子迁移有关。离子比电子载流子对电场有更慢的时间响应。并且离子在界面处的积累可以产生与电子积累类似的行为。尽管这种解释在最初受到质疑,但是在过去几年里,大量的证据已经证明 HOIPs 实际是离子传输材料。理论计算为离子迁移的可行性以及实验研究重点提供了坚实的基础。离子迁移和相关现象在许多不同的 HOIPs 中已经被定性地观察到,并且诸如活化能或离子的扩散系数等已经被量化。

在固体离子材料中,离子一般通过晶格中肖特基缺陷(图 1.13(a))、弗伦克尔缺陷(图 1.13(b))或杂质的缺陷输运。肖特基缺陷是唯一的晶格空位(或化学计量空位),它们提供可用于离子迁移的空位。弗伦克尔缺陷是指晶体结构中由于原先占据格点的原子或离子离开格点位置成为间隙原子(或离子),并在格点处形成一个空位,这样的晶格空位-间隙原子(或离子)对称为弗伦克尔缺陷。晶格中热激发缺陷浓度 n,晶格格点数目 N 以及可能的间隙位点数目 N' 之间的关系为 $n = \sqrt{NN'} e^{-E_I/2k_BT}$,$k_BT$ 代表热能,k_B 和 T 分别代表玻尔兹曼常数和温度,E_I 代表间隙离子形成能。

离子迁移的能力(如迁移率 r_m)主要由活化能 E_A 决定:$r_m \propto \exp\left(\dfrac{-E_A}{k_BT}\right)$。迁移离子的浓度 N_i 或者由与温度无依赖关系的缺陷决定,如杂质或非化学计量的外在缺陷,离子电导率可以描述为:$\sigma_i \propto \exp\left(\dfrac{-E_A}{k_BT}\right)$;或者由与温度有依赖关系的缺陷决定,如形成能为 E_D 的热激发点缺陷(固有缺陷),离子电导率可以描述为 $\sigma_i \propto \exp\left(\dfrac{-E_A}{k_BT}\right)\exp\left(\dfrac{-E_D}{k_BT}\right)$。通常情况下,$E_A$ 的值(外在缺陷)或 $E_A + E_D/2$ 的值(固有缺陷)可以通过 $\ln \sigma_i$ - $1/T$ 图像中的斜率获得,其中 E_A 是离子和迁移的活化能;E_D 是热激发点缺陷的形成能,如图 1.13(c)所示。有时候,可能出现结构相变和/或形成缺陷簇以及许多其他可能的情况,使得 $\ln \sigma_i$ - $1/T$ 图像很复杂。

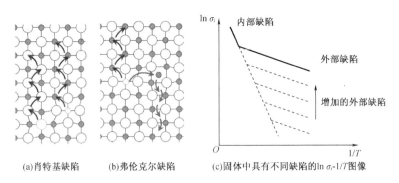

(a)肖特基缺陷　　(b)弗伦克尔缺陷　　(c)固体中具有不同缺陷的 $\ln \sigma_i$-$1/T$ 图像

图 1.13　晶格中的缺陷和相关离子迁移

对于具有多种离子的材料,主要移动的离子是具有最低活化能的离子。当离子分别穿过其最小能量路径时,每种离子的活化能E_A由对面的势垒决定。通常,影响E_A的值有几个因素,如晶格结构、离子半径和离子价态。

晶格结构在离子迁移通道的形成中扮演了非常重要的角色。子晶格的每个部分决定了离子可能存在的间隙。例如,在α相AgI(一种典型的超离子化合物)中,碘离子(I^-)具有体心立方(BCC)排列,移动离子为Ag^+。在每个晶胞中,有6个八面体(tet),12个四面体(oct)和24个三角(tri)间隙作为Ag^+可用位置(共42个间隙位置)[54]。Ag^+的迁移可以通过tet、oct和tri位置移动[54-55]。除此之外,晶格结构还决定了相邻离子的距离,这对离子迁移的活化能的影响很大。例如,在一些具有ABO_3钙钛矿结构的无机离子导体中,如$La_{1-x}Sr_xBO_{3-\delta}$家族(B可以是Mg、Ga、Co、Fe或它们的组分)[56-57],O^{2-}的迁移通道是沿着$BO_{6-\delta}$八面体($a/\sqrt{2}$)的O—O边缘移动,移动距离分别小于到A(a)位和到B(a)位之间的距离。晶格结构还对离子迁移路径的连接有影响。例如,在立方结构的钙钛矿结构(如$La_{1-x}Sr_xBO_{3-\delta}$家族[58-59])和立方结构的萤石型结构($Ce_{1-x}Y_xO_{2-\delta}$[60]和$Y_{1-x}Ta_xO_{2-\delta}$[61])中,离子迁移路径是三维网络。而在四方相双钙钛矿结构中如$La_{0.64}Ti_{0.92}Nb_{0.08}O_{2.89}$中,离子迁移路径是二维网络。

离子半径是另一个影响活化能的因素。通常小尺寸的离子更容易移动,在大多数情况下,阳离子半径小于阴离子。这就是有许多移动的阳离子(例如H^+、Li^+、Cu^+、Ag^+、K^+等)而只有少数移动的阴离子(如F^-和O^{2-})的原因。除了结构和离子半径,移动离子的价态也会影响离子的活化能。价态更高的离子更容易被限制在晶格中,因为具有相反电荷的相邻离子具有更强的Columbic吸引力。因此,超过+2价态的阳离子尽管半径很小但是很难迁移,如立方钙钛矿氧化物中的Ca^{3+}和Co^{3+}。

对于离子导体,其中迁移离子的种类可以结合理论计算和实验获得。利用第一性原理计算的方法,给出离子可能的迁移路径,计算每种离子迁移的活化能,从理论上可以推断出主要迁移的离子。计算得到的活化能E_A的值就可以与实验得到的E_A值进行对比。实验得到活化能E_A的方法有:温度依赖的离子电导率[62](Arrhenius图,见图1.13(c))、交流阻抗谱[63]、相对介电常数[64]或瞬态光电流[65]。另一方面,迁移的离子可以由Tubandt的方法推断出来[45],其中离子导体包含在固态电化学电池中,经历长期直流偏压极化(通常以天为单位)。在极化之后,由离子迁移引起的界面反应产物,以及固态电化学电池的不同部分处的质量和组分变化,可以判断出迁移离子的种类。

在 HOIPs 材料中,首次经实验证实迁移的离子是 MA$^+$。最近开发的光诱导共振显微镜结合了傅里叶变换红外光谱化学信号和原子力显微镜(atomic force microscope, AFM)成像能力,可以直接对 MA$^+$ 再分布成像。Yuan 等在横向的 MAPbI$_3$ 电池器件中,观察到电极经过极化之后 MA$^+$ 的重新分布[66]。持续施加 1.6 V/μm 的小电压 100 s 之后,MA$^+$ 从中心和阳极耗尽,并在阴极区域积累,如图 1.14 所示,这是 MA$^+$ 离子迁移的直接证据。在 Yuan 等的研究中,通过 MAPbI$_3$ 薄膜电阻率变温实验得到活化能 E_A 为 0.36 eV,数值小于理论计算得到的值(0.46 eV 或 0.86 eV)[62]。这种不一致不足为奇,通过理论计算的是晶体内部的离子迁移,而测量离子电导率需要考虑晶界处的影响。通过测量单晶的离子电导率可以排除晶界的影响。另一种可能是测量得到的离子活化能可能是 I$^-$ 的活化能。然而在分辨能量色散 X 射线光谱中并没有发现 I$^-$ 重新分布[66]。

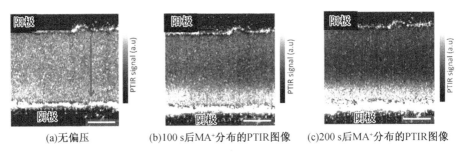

(a)无偏压　　　　(b)100 s后MA$^+$分布的PTIR图像　　(c)200 s后MA$^+$分布的PTIR图像

图 1.14　电子极化 100 s 和 200 s 前后 MA$^+$ 分布的 PTIR 图像(电极间距 100 μm)

虽然理论预测了 I$^-$ 是 MAPbI$_3$ 中最容易移动的离子,但是在室温条件下,I$^-$ 是否迁移还尚未得到验证。Yang 等提出,在高温条件下 I$^-$ 可能迁移[67]。研究表明,MAPbI$_3$ 薄膜嵌入固态电化学电池中,其结构为 Pb 阳极/MAPbI$_3$ 薄膜/AgI/银阴极(Tubandt 方法)。在 323 K 的温度条件下施加一个直流电压,经过一周后,在 Pb 阳极/MAPbI$_3$ 界面处形成了碘化铅(PbI$_2$),这是迁移的 I$^-$ 与 Pb 阳极的反应产物。但是,它也可以用 MAPbI$_3$ 薄膜降解来解释,因为迁移的 MA$^+$ 离阳极很近[48]。在另一个研究中,Yuan 等研究了 330 K 温度条件下侧向 MAPbI$_3$ 电池的电极化效应,并观察到形成宽度为 5~15 μm 的"PbI$_2$ 螺纹",可以沿施加电场的方向迁移(3 V/μm),如图 1.15 所示[68]。由于 MA$^+$ 和 I$^-$ 的大量迁移,MAPbI$_3$ 相和 PbI$_2$ 相在电场驱动作用下发生可逆化学反应,导致"PbI$_2$ 螺纹"的迁移。这是第一次在实验上证明了在温度升高时,有大量的 I$^-$ 参与迁移。这些结果显示在 330 K 温度条件,电压为 3 V/μm 时,MAPbI$_3$ 薄膜中有大量的 MA$^+$ 和 I$^-$ 迁移,而

Pb^{2+}仍然保持不动。由于污染严重且测量 H$^+$ 分布存在困难,研究 H$^+$ 的迁移仍然是个挑战,因此需要在未来进行中子衍射实验。

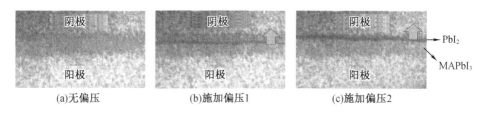

图 1.15　MAPbI$_3$电池的侧面的光学图像(PbI$_2$在 330 K 沿电场方向移动)

理解离子迁移的原因和内部机制以及离子迁移通道有助于提高 HOIPs 材料的稳定性。通常在电场作用下的离子迁移与固体中存在的缺陷有关。在 HOIPs 薄膜或多晶材料中具有大量的点缺陷和晶格扭曲。从与单晶 XRD 对比实验中就可以看出,HOIPs 薄膜或多晶的 XRD 衍射峰比单晶 XRD 的衍射峰更宽,这一点并不只有晶界的影响还有点缺陷和晶格扭曲的影响。在 HOIPs 薄膜中形成缺陷的原因如下。

第一,通过低温热溶液和热蒸发方法合成的 HOIPs 薄膜和多晶结晶速度很快,还没有达到热平衡状态,在 HOIPs 薄膜和多晶结晶过程中不可避免地会产生很多缺陷。

第二,制备 HOIPs 薄膜和多晶的化学计量并不理想,在很大程度上取决于加工方法和前驱溶液[69]。例如,在一步法制备中,PbI$_2$ 和 MAI 前驱体的摩尔比为 0.6~0.7∶1,形成平面连续的 MAPbI$_3$ 薄膜[70]。较高的 PbI$_2$ 和 MAI 比例(如超过 0.8∶1)将会形成微纤维。在两步法制备中,过量的 PbI$_2$ 和 MAI 前驱体都是可以的[50,71]。Yu 等通过研究化学计量比对离子迁移的影响发现,过量的 PbI$_2$ 会增加离子迁移,他们认为 MA$^+$ 空位为离子迁移提供了良好的迁移路径[72]。

第三,由于化学键的"柔软性",缺陷具有较低的形成能,HOIPs 薄膜和多晶很容易发生分解。理论计算预测,MAPbI$_3$ 薄膜中 Pb^{2-} 空位(E_A = 0.29 eV,I 多/Pb 少)或 MA$^+$ 间隙(E_A = 0.20 eV,I 少/Pb 多)都具有较低的形成能,虽然还没有被实验证明[71]。Kim 等计算 MAPbI$_3$ 薄膜中 PbI$_2$ 空位的形成能只有 27~73 meV,意味着在合成过程中必然会有大量的 PbI$_2$ 空位形成[73]。此外,Buin 等计算表明,MAPbI$_3$ 分解成 PbI$_2$ 和 MAI 需要的能量只有约 0.1 eV[74]。同时,Walsh 等计算表明 MAPbI$_3$ 薄膜中肖特基缺陷的形成能约为 0.1 eV[75]。HOIPs 材料的"柔软性"也解释了为什么具有大原子的 MAPbI$_3$(0.36 eV)中离子迁移的活化能比具有较小原子的钙钛矿氧化物的活化能要小得多,例如,LaMnO$_3$、LiNbO$_3$ 和 LaFeO$_3$

的活化能分别为 0.73 eV、0.75 eV 和 0.77 eV。MAPbI$_3$ 的易分解性也会导致大量的离子迁移,对 HOIPs 太阳能电池的稳定性造成不利影响。

除了体材料中晶体内部缺陷外,晶粒的表面和晶界也是离子迁移的重要途径,如图 1.16(a)所示。具有大晶界的器件比具有小晶粒的器件更难以切换,Xiao 等已经证明这一点[48]。晶界是 HOIPs 材料中广泛存在的二维缺陷。由于缺陷分离、悬键、晶格位错或晶界成分变化,晶界空位的密度远高于大块晶体。另外,由于相对空间大、晶粒错位、松散晶界、错误成键或拉伸应变等,点缺陷的形成能要低于体块晶体。HOIPs 材料在高温(大于 150 ℃)下容易分解,而大多数 HOIPs 薄膜在晶粒生长过程中需要热退火,因此有很大概率丢失有机阳离子造成在晶界处形成非化学计量的钙钛矿[76-77]。Yuan 等沿横向 MAPbI$_3$ 薄膜多晶体的研究中,发现有些离子(快离子)在相对较小的电场(0.1 V/μm)中就可以移动,而有些离子(慢离子)在电场超过 0.3 V/μm 的时候才可以移动。到目前为止还没有完全了解快离子和慢离子的起源和差异,这可能是离子分别在体块晶体中和晶界中迁移引起的[66]。

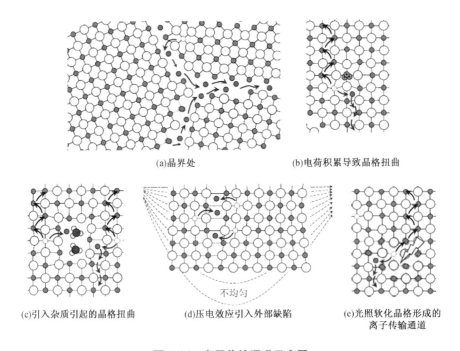

(a)晶界处　　　　　　　　　(b)电荷积累导致晶格扭曲

(c)引入杂质引起的晶格扭曲　　(d)压电效应引入外部缺陷　　(e)光照软化晶格形成的离子传输通道

图 1.16　离子传输通道示意图

局域晶格畸变也会导致缺陷形成能的降低,进而增加离子的迁移。在很多情形下可能引起局域晶格畸变,包括介孔支架[78]、电荷积累(图1.16(b))[79]、分子吸收(图1.16(c))[80-81]等。在 Choi 等的研究中发现,由于介孔支架的约束效应,介孔 TiO_2 中大部分 $MAPbI_3$(约70%)的晶格有序性较差,导致局部钙钛矿相干性长度仅为 1.4 nm[78]。钙钛矿薄膜的晶格无序程度越高,产生迁移的离子就越多,这可能解释了太阳能电池明显的 J-V 迟滞效应。HOIPs 薄膜还可以吸收多种化学分子形成固溶体,如水分[82]和极性有机溶剂(二甲基亚砜[60-61]、二甲基甲酰胺[83]和 MA[84]等),溶解在 HOIPs 薄膜中的这些分子会显著干扰钙钛矿晶格,其中一些分子还会中断电子云交叠,进而引起钙钛矿薄膜的颜色变化。晶格结构的开放性有助于缺陷的形成和离子迁移。Leijtens 研究 $MAPbI_3$ 薄膜暴露在不同环境条件下的离子迁移,观察到在水分或二甲基甲酰胺环境下更容易分解并伴随更多的离子迁移[85]。Wu 等研究了基于 HOIPs 太阳能电池中的电荷积累对迟滞效应的影响,其中电荷积累引起的晶格畸变已经用来解释光电流的迟滞效应[79]。最近 Dong 等报道了 HOIPs 单晶中的压电效应,压电效应产生的电场可引起 HOIPs 中的晶格应变或畸变,这种晶格畸变也会促进离子的迁移(图1.16(d))[86]。

一般而言,HOIPs 材料如 $MAPbI_3$ 是电良性的,这表明点缺陷或晶界不会在其禁带内形成深陷阱[71]。这一点使得 HOIPs 材料优于许多其他光伏材料如 CdTe[87]、$CuInSe_2$[88]和 $CuZnSnSe_4$[89]。人们认为,大原子尺寸和松散的晶格结构是造成 HOIPs 材料中良好缺陷容忍的主要原因之一。例如,晶界处的 I-I 错键之间的弱相互作用导致它们的反键 $pp\sigma^*$ 轨道和 $pp\sigma$ 轨道之间只有很小的分裂。因此这两个轨道都留在价带内不会形成深陷阱[36]。然而,从离子迁移的角度来看,HOIPs 材料松散的晶格结构是材料中离子容易迁移的主要原因。

1.5 HOIP 中的介电性质

$MAPbX_3$ 的介电常数 ε' 与温度的依赖关系已经被报道。在 180~300 K 温度范围内,$MAPbX_3$ 为四方相,相对于低温范围的正交相,介电常数 ε' 值较高。在 100 kHz 时,$MAPbX_3$ 改变卤族元素从 Cl($\varepsilon' \approx 40$ 在 300 K 和 $\varepsilon' \approx 60$ 在 200 K)到 Br($\varepsilon' \approx 50$ 在 300 K 和 $\varepsilon' \approx 70$ 在 200 K)到 I($\varepsilon' \approx 60$ 在 300 K 和 $\varepsilon' \approx 100$ 在 200 K),介电常数 ε' 的值增加。在低温正交相,介电常数 ε' 值很低,对于 Cl、Br、I 介电常数分别为 17,26,36。这表明电子和离子极化是在正交相开始的。图 1.17

表示介电常数与频率的依赖关系。原子核周围的局部电子在电场的作用下发生转移,致使出现电子极化现象。同时在离子材料中,在电场的作用下,阴离子和阳离子被转移到相反的方向,导致离子极化现象。而在分子材料中,存在永久电偶极子才会出现定向极化。定向极化率(α_{or})与温度有关,满足关系式 $\alpha_{or} = P^2/3kT$,其中 k 代表波尔兹曼常数,T 代表温度,P 代表极化强度。在低频区域,钙钛矿受到光照后得到巨介电常数接近 10^7,如图 1.17(b)所示。这主要与 A 位置的甲胺有机基团的取向有关。

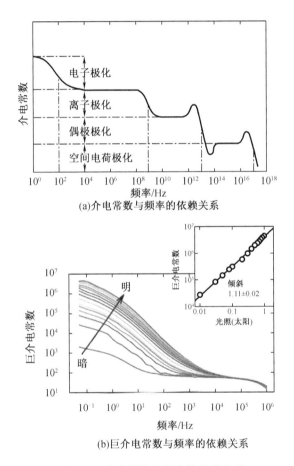

图 1.17　介电常数与频率的依赖关系

以 Sn 为基础的钙钛矿如 $CsSnBr_3$ 和 $CH_3NH_3SnI_3$ 表现出高的导电性,这与无限的 -I-Sn-I-Sn-I- 线性链形成三维钙钛矿晶格有关。Sn 与 Br 的配位关系是决定电学性质的关键所在。根据 Mössbauer 研究的一系列固溶体发现,在

$CH_3NH_3Sn_{1-x}Pb_xBr_3$ 和 $CsSnBr_3$ 中,$CsSnBr_3$ 具有良好的导电性(接近导体),随着 Cs、Sn 被 CH_3NH_3、Pb 替代,其电导率减小,这是改变了局部的 $SnBr_6$ 八面体和 Sn – Br – Sn 的键长导致的。

1.6 HOIP 中的电感和负电容

在图 1.16 中已经显示了离子迁移在 HOIPs 光伏器件引起的物理现象。在 HOIPs 光伏器件还存在一种现象,就是在阻抗谱数据的中频或低频区发现的电感和负电容[90-94]。到目前为止,电感和负电容存在的原因和机制还不清楚。值得注意的是,在许多不同的 HOIPs 光伏器件中观察到了负电容和电感,这些器件有不同的结构、不同的接触点,说明 HOIP 的电感和负电容具有普遍性而不是只在一个具体的样品中[52,90,91,95-97]。在其他的非 HOIPs 光伏器件中,很早就有低频负电容现象,如 CdS/CdTe 薄膜太阳电池、spiro – OMeTAD 为空穴传输层的固态染料敏化太阳电池、染料电池、肖特基二极管和聚合物发光二极管[98]。负电容表示器件中的电流滞后于交流驱动电压。对此现象可能的解释包括载流子在电极表面的积累、量子阱传输、离子/空位漂移和积累以及电化学反应。载流子的积累要求研究系统在电极和半导体之间的界面处有高的态密度并且态占有随着施加电位的增加而降低。为了实现这一点,系统不能处于热平衡状态(高偏压),并且中间层之间的传输由占有态主导。载流子积累被解释为一个状态发生占满/释放高度不对称的动力学过程[98-100]。

整流接触处离子/空位积累可以导致势垒高度、宽度或二者共同变化。例如,带有电子离子混合传导的肖特基二极管或具有高离子电导率金属 – 绝缘体 – 金属电容器。在离子电子混合传导的肖特基二极管中,载流子注入电极和从电极注入取决于离子/空位的浓度。因此,负电容的产生是低频区载流子积累增加,电荷传输效率提高的结果[101]。

电化学反应[102-103],其中电子转移参与的反应(如氧化还原反应)在阻抗谱中也会出现负电容。这里面,反应过程中会产生附加电荷,从而降低材料的电阻。产生电荷的数量取决于反应物的流动性和施加的频率,随着频率的降低产生更多的载流子。例如,染料电池反应的阻抗响应,在反应发生后,离子和电子传输到电极,通常用负电容建模[102]。

参 考 文 献

[1] KARIM M R. Solar photovaoltaic based integrated renewable energy system size and cost for a 100 kW solar mini grior in sandwip[R/OL]. 2014[2020]. https://en.wikipedia.org/wiki/Solar energy.

[2] TROTS D M, MYAGKOTA S V. High–temperature structural evolution of caesium and rubidium triiodoplumbates[J]. Journal of Physics and Chemistry of Solids, 2008, 69(10): 2520–2526.

[3] AFSARI M, BOOCHANI A, HANTEZADEH M. Electronic, optical and elastic properties of cubic perovskite $CsPbI_3$: Using first principles study[J]. Optik–International Journal for Light and Electron Optics, 2016, 127(23): 11433–11443.

[4] KOJIMA A, TESHIMA K, SHIRAI Y, et al. Organometal halide perovskites as visible–light sensitizers for photovoltaic cells[J]. Journal of the American Chemical Society, 2009, 131(17): 6050–6051.

[5] IM J H, LEE C R, LEE J W, et al. 6.5% efficient perovskite quantum–dot–sensitized solar cell[J]. Nanoscale, 2011, 3(10): 4088–4093.

[6] KIM H S, LEE C R, IM J H, et al. Lead iodide perovskite sensitized all–solid–state submicron thin film mesoscopic solar cell with efficiency exceeding 9%[J]. Scientific Reports, 2012, 2: 591.

[7] BURSCHKA J, PELLET N, MOON S J, et al. Sequential deposition as a route to high–performance perovskite–sensitized solar cells[J]. Nature, 2013, 499(7458): 316–319.

[8] JEON N J, NA H, JUNG E H, et al. A fluorene–terminated hole–transporting material for highly efficient and stable perovskite solar cells[J]. Nature Energy, 2018, 3(8): 682–689.

[9] BERRY J, BUONASSISI T, EGGER D A, et al. Hybrid organic–inorganic perovskites (HOIPs): Opportunities and challenges[J]. Advanced Materials (Deerfield Beach, Fla), 2015, 27(35): 5102–5112.

[10] KHERALLA A, CHETTY N. A review of experimental and computational attempts to remedy stability issues of perovskite solar cells[J]. Heliyon, 2021, 7(2): e06211.

[11] XING G C, MATHEWS N, SUN S Y, et al. Long–range balanced electron–and hole–transport lengths in organic–inorganic $CH_3NH_3PbI_3$[J]. Science, 2013, 342(6156): 344–347.

[12] STRANKS S D, EPERON G E, GRANCINI G, et al. Electron–hole diffusion lengths

exceeding 1 micrometer in an organometal trihalide perovskite absorber[J]. Science, 2013, 342(6156): 341-344.

[13] KIM H S, MORA-SERO I, GONZALEZ-PEDRO V, et al. Mechanism of carrier accumulation in perovskite thin-absorber solar cells[J]. Nature Communications, 2013, 4: 2242.

[14] GONZALEZ-PEDRO V, JUAREZ-PEREZ E J, ARSYAD W S, et al. General working principles of $CH_3NH_3PbX_3$ perovskite solar cells[J]. Nano Letters, 2014, 14(2): 888-893.

[15] LEE J W, LEE T Y, YOO P J, et al. Rutile TiO_2-based perovskite solar cells[J]. Journal of Materials Chemistry A, 2014, 2(24): 9251-9259.

[16] SON D Y, IM J H, KIM H S, et al. 11% efficient perovskite solar cell based on ZnO nanorods: An effective charge collection system[J]. The Journal of Physical Chemistry C, 2014, 118(30): 16567-16573.

[17] HAN G S, LEE S, NOH J H, et al. 3-D TiO_2 nanoparticle/ITO nanowire nanocomposite antenna for efficient charge collection in solid state dye-sensitized solar cells[J]. Nanoscale, 2014, 6(11): 6127-6132.

[18] WANG J T W, BALL J M, BAREA E M, et al. Low-temperature processed electron collection layers of graphene/TiO_2 nanocomposites in thin film perovskite solar cells[J]. Nano Letters, 2014, 14(2): 724-730.

[19] JUNG H S, PARK N G. Perovskite solar cells: From materials to devices[J]. Small (Weinheim an Der Bergstrasse, Germany), 2015, 11(1): 10-25.

[20] HAN G S, CHUNG H S, KIM B J, et al. Retarding charge recombination in perovskite solar cells using ultrathin MgO-coated TiO_2 nanoparticulate films[J]. Journal of Materials Chemistry A, 2015, 3(17): 9160-9164.

[21] ZHOU H P, CHEN Q, LI G, et al. Interface engineering of highly efficient perovskite solar cells[J]. Science, 2014, 345(6196): 542-546.

[22] ZHANG H, AZIMI H, HOU Y, et al. Improved high-efficiency perovskite planar heterojunction solar cells via incorporation of a polyelectrolyte Interlayer[J]. Chemistry of Materials, 2014, 26(18): 5190-5193.

[23] ETGAR L, GAO P, XUE Z S, et al. Mesoscopic $CH_3NH_3PbI_3$/TiO_2 heterojunction solar cells[J]. Journal of the American Chemical Society, 2012, 134(42): 17396-17399.

[24] LABAN W A, ETGAR L. Depleted hole conductor-free lead halide iodide heterojunction solar cells[J]. Energy & Environmental Science, 2013, 6(11): 3249-3253.

[25] AHARON S, GAMLIEL S, COHEN B E, et al. Depletion region effect of highly efficient hole conductor free $CH_3NH_3PbI_3$ perovskite solar cells[J]. Physical Chemistry Chemical Physics, 2014, 16(22): 10512-10518.

[26] MEI A Y, LI X, LIU L F, et al. A hole-conductor-free, fully printable mesoscopic

[27] LEE M M, TEUSCHER J, MIYASAKA T, et al. Efficient hybrid solar cells based on meso-superstructured organometal halide perovskites[J]. Science, 2012, 338(6107): 643-647.

[28] TRAVIS W, GLOVER E N K, BRONSTEIN H, et al. On the application of the tolerance factor to inorganic and hybrid halide perovskites: A revised system[J]. Chemical Science, 2016, 7(7): 4548-4556.

[29] LI C, LU X, DING W, et al. Formability of ABX_3 (X = F, Cl, Br, I) halide perovskites [J]. Acta Crystallographica Section B, 2008, 64(6): 702-707.

[30] STOUMPOS C C, MALLIAKAS C D, Kanatzidis M G. Semiconducting tin and lead iodide perovskites with organic cations: Phase transitions, high mobilities, and near-infrared photoluminescent properties[J]. Inorganic Chemistry, 2013, 52(15): 9019-9038.

[31] SEKIMOTO T, SUZUKA M, YOKOYAMA T, et al. Energy level diagram of HC$(NH_2)_2PbI_3$ single crystal evaluated by electrical and optical analyses[J]. Physical Chemistry Chemical Physics, 2018, 20(3): 1373-1380.

[32] FROST J M, WALSH A. What is moving in hybrid halide perovskite solar cells? [J]. Accounts of Chemical Research, 2016, 49(3): 528-535.

[33] DU M H. Efficient carrier transport in halide perovskites: theoretical perspectives[J]. Journal of Materials Chemistry A, 2014, 2(24): 9091-9098.

[34] BAIKIE T, FANG Y, KADRO J M, et al. Synthesis and crystal chemistry of the hybrid perovskite (CH_3NH_3)PbI_3 for solid-state sensitised solar cell applications[J]. Journal of Materials Chemistry A, 2013, 1(18): 5628.

[35] MENÉNDEZ-PROUPIN E, PALACIOS P, WAHNÓN P, et al. Self-consistent relativistic band structure of the $CH_3NH_3PbI_3$ perovskite[J]. Physical Review B, 2014, 90(4): 045207.

[36] YIN W J, YANG J H, KANG J, et al. Halide perovskite materials for solar cells: a theoretical review[J]. Journal of Materials Chemistry A, 2015, 3(17): 8926-8942.

[37] LI F, MA C, WANG H, et al. Ambipolar solution-processed hybrid perovskite phototransistors[J]. Nature Communications, 2015, 6: 8238.

[38] YUSOFF A R B M, KIM H P, LI X, et al. Ambipolar triple cation perovskite field effect transistors and inverters[J]. Advanced Materials, 2017, 29(8): 1602940.

[39] GIORGI G, FUJISAWA J I, SEGAWA H, et al. Small photocarrier effective masses featuring ambipolar transport in methylammonium lead iodide perovskite: A density functional analysis [J]. The Journal of Physical Chemistry Letters, 2013, 4(24): 4213-4216.

[40] SEO J, NOH J H, SEOK S I. Rational strategies for efficient perovskite solar cells[J]. Accounts of Chemical Research, 2016, 49(3): 562-572.

[41] KIM S G, KIM J H, RAMMING P, et al. How antisolvent miscibility affects perovskite film

[42] WOLF S D, HOLOVSKY J, MOON S J, et al. Organometallic halide perovskites: Sharp optical absorption edge and its relation to photovoltaic performance[J]. The Journal of Physical Chemistry Letters, 2014, 5(6): 1035-1039.

[43] GENG W, ZHANG L, ZHANG Y N, et al. First-principles study of lead iodide perovskite tetragonal and orthorhombic phases for photovoltaics[J]. Journal of Physical Chemistry C, 2014, 118(34): 19565-19571.

[44] UMEBAYASHI T, ASAI K, UMEBAYASHI T, et al. Electronic structures of lead iodide based low-dimensional crystals[J]. Physical Review B - Condensed Matter and Materials Physics, 2003, 67(15): 155405-1-155405-6.

[45] MIZUSAKI J, ARAI K, FUEKI K. Ionic conduction of the perovskite-type halides[J]. Solid State Ionics, 1983, 11(3): 203-211.

[46] UNGER E L, HOKE E T, BAILIE C D, et al. Hysteresis and transient behavior in current-voltage measurements of hybrid-perovskite absorber solar cells[J]. Energy & Environmental Science, 2014, 7(11): 3690-3698.

[47] SNAITH H J, ABATE A, BALL J M, et al. Anomalous hysteresis in perovskite solar cells[J]. Journal of Physical Chemistry Letters, 2014, 5(9): 1511-1515.

[48] XIAO Z G, YUAN Y B, SHAO Y C, et al. Giant switchable photovoltaic effect in organometal trihalide perovskite devices[J]. Nature Materials, 2015, 14(2): 193-198.

[49] TRESS W, MARINOVA N, MOEHL T, et al. Understanding the rate-dependent J-V hysteresis, slow time component, and aging in $CH_3NH_3PbI_3$ perovskite solar cells: the role of a compensated electric field[J]. Energy & Environmental Science, 2015, 8(3): 995-1004.

[50] WANG Q, SHAO Y, XIE H, et al. Qualifying composition dependent p and n self-doping in $CH_3NH_3PbI_3$[J]. Applied Physics Letters, 2014, 105(16): 163508.

[51] CHIN X Y, CORTECCHIA D, YIN J, et al. Lead iodide perovskite light-emitting field-effect transistor[J]. Nature Communications, 2015, 6: 7383.

[52] JUAREZ-PEREZ E J, SANCHEZ R S, BADIA L, et al. Photoinduced giant dielectric constant in lead halide perovskite solar cells[J]. The Journal of Physical Chemistry Letters, 2014, 5(13): 2390-2394.

[53] LIN Q, ARMIN A, NAGIRI R C R, et al. Electro-optics of perovskite solar cells[J]. Nature Photonics, 2014, 9: 106.

[54] HULL S. Superionics: crystal structures and conduction processes[J]. Reports on Progress in Physics, 2004, 67(7): 1233-1314.

[55] ILSCHNER B. Determination of the electronic conductivity in silver halides by means of polarization measurements[J]. The Journal of Chemical Physics, 1958, 28(6): 1109-1112.

[56] YASHIMA M. Diffusion pathway of mobile ions and crystal structure of ionic and mixed conductors - A brief review[J]. Journal of the Ceramic Society of Japan, 2009, 117(1370): 1055-1059.

[57] CHERRY M, ISLAM M S, CATLOW C R A. Oxygen ion migration in perovskite-type oxides[J]. Journal of Solid State Chemistry, 1995, 118(1): 125-132.

[58] YASHIMA M, NOMURA K, KAGEYAMA H, et al. Conduction path and disorder in the fast oxide-ion conductor $(La_{0.8}Sr_{0.2})(Ga_{0.8}Mg_{0.15}Co_{0.05})O_{2.8}$[J]. Chemical Physics Letters, 2003, 380(3): 391-396.

[59] YASHIMA M, TSUJI T. Structural investigation of the cubic perovskite-type doped lanthanum cobaltite $La_{0.6}Sr_{0.4}CoO 3\delta$ at 1531 K: possible diffusion path of oxygen ions in an electrode material[J]. Journal of Applied Crystallography, 2007, 40(6): 1166-1168.

[60] YASHIMA M, KOBAYASHI S, YASUI T. Positional disorder and diffusion path of oxide ions in the yttria-doped ceria $Ce_{0.93}Y_{0.07}O_{1.96}$[J]. Faraday Discussions, 2007, 134: 369-376.

[61] YASHIMA M, TSUJI T. Crystal structure, disorder, and diffusion path of oxygen ion conductors $Y_{1-x}Ta_xO_{1.5+x}$ ($x = 0.215$ and 0.30)[J]. Chemistry of Materials, 2007, 19(14): 3539-3544.

[62] EAMES C, FROST J M, BARNES P R F, et al. Ionic transport in hybrid lead iodide perovskite solar cells[J]. Nature Communications, 2015, 6: 74.

[63] BAG M, RENNA L A, ADHIKARI R Y, et al. Kinetics of ion transport in perovskite active layers and its implications for active layer stability[J]. Journal of the American Chemical Society, 2015, 137(40): 13130-13137.

[64] ALMORA O, ZARAZUA I, MAS-MARZA E, et al. Capacitive dark currents, hysteresis, and electrode polarization in lead halide perovskite solar cells[J]. The Journal of Physical Chemistry Letters, 2015, 6(9): 1645-1652.

[65] SHI J J, XU X, ZHANG H Y, et al. Intrinsic slow charge response in the perovskite solar cells: Electron and ion transport[J]. Applied Physics Letters, 2015, 107(16): 163901.1-163901.5

[66] YUAN Y B, CHAE J, SHAO Y C, et al. Photovoltaic switching mechanism in lateral structure hybrid perovskite solar cells[J]. Advanced Energy Materials, 2015, 5(15): 1500615

[67] YANG T Y, GREGORI G, PELLET N, et al. The significance of ion conduction in a hybrid organic-inorganic lead-iodide-based perovskite photosensitizer[J]. Angewandte Chemie (International Ed in English), 2015, 54(27): 7905-7910.

[68] YUAN Y, WANG Q, SHAO Y, et al. Electric-field-driven reversible conversion between methylammonium lead triiodide perovskites and lead iodide at elevated temperatures[J]. Advanced Energy Materials, 2016, 6(2): 1501803.

[69] CHEN Q, DE MARCO N, YANG Y, et al. Under the spotlight: The organic – inorganic hybrid halide perovskite for optoelectronic applications[J]. Nano Today, 2015, 10(3): 355 – 396.

[70] WANG Q, SHAO Y C, DONG Q F, et al. Large fill – factor bilayer iodine perovskite solar cells fabricated by a low – temperature solution – process[J]. Energy and Environmental Science, 2014, 7(7): 2359 – 2365.

[71] YIN W J, SHI T, YAN Y. Unusual defect physics in $CH_3NH_3PbI_3$ perovskite solar cell absorber[J]. Applied Physics Letters, 2014, 104(6): 063903.

[72] YU H, LU H, XIE F, et al. Native defect – induced hysteresis behavior in organolead iodide perovskite solar cells [J]. Advanced Functional Materials, 2016, 26(9): 1411 – 1419.

[73] KIM J, LEE S H, LEE J H, et al. The role of intrinsic defects in methylammonium lead iodide perovskite [J]. The Journal of Physical Chemistry Letters, 2014, 5(8): 1312 – 1317.

[74] BUIN A, PIETSCH P, XU J X, et al. Materials processing routes to trap – free halide perovskites[J]. Nano Letters, 2014, 14(11): 6281 – 6286.

[75] WALSH A, SCANLON D O, CHEN S, et al. Self – regulation mechanism for charged point defects in hybrid halide perovskites[J]. Angewandte Chemie International Edition, 2015, 54(6): 1791 – 1794.

[76] DONG R, FANG Y, CHAE J, et al. High – gain and low – driving – voltage photodetectors based on organolead triiodide perovskites [J]. Advanced Materials, 2015, 27(11): 1912 – 1918.

[77] CHEN Q, ZHOU H P, SONG T B, et al. Controllable self – induced passivation of hybrid lead iodide perovskites toward high performance solar cells[J]. Nano Letters, 2014, 14(7): 4158 – 4163.

[78] CHOI J J, YANG X H, NORMAN Z M, et al. Structure of methylammonium lead iodide within mesoporous titanium dioxide: Active material in high – performance perovskite solar cells[J]. Nano Letters, 2014, 14(1): 127 – 133.

[79] WU B, FU K W, YANTARA N, et al. Charge accumulation and hysteresis in perovskite – based solar cells: An electro – optical analysis[J]. Advanced Energy Materials, 2015, 5(19): 1500829

[80] JEON N J, NOH J H, KIM Y C, et al. Solvent engineering for high – performance inorganic – organic hybrid perovskite solar cells[J]. Nature Materials, 2014, 13(9): 897 – 903.

[81] LIAN J, WANG Q, YUAN Y, et al. Organic solvent vapor sensitive methylammonium lead trihalide film formation for efficient hybrid perovskite solar cells[J]. Journal of Materials Chemistry A, 2015, 3(17): 9146 – 9151.

[82] YOU J, YANG Y, HONG Z, et al. Moisture assisted perovskite film growth for high performance solar cells[J]. Applied Physics Letters, 2014, 105(18): 183902.

[83] XIAO Z G, DONG Q F, BI C, et al. Solvent annealing of perovskite – induced crystal growth for photovoltaic – device efficiency enhancement[J]. Advanced Materials (Deerfield Beach, Fla), 2014, 26(37): 6503 – 6509.

[84] ZHOU Z M, WANG Z W, ZHOU Y Y, et al. Methylamine – gas – induced defect – healing behavior of $CH_3NH_3PbI_3$ thin films for perovskite solar cells[J]. Angewandte Chemie (International Ed in English), 2015, 54(33): 9705 – 9709.

[85] LEIJTENS T, HOKE E T, GRANCINI G, et al. Mapping electric field – induced switchable poling and structural degradation in hybrid lead halide perovskite thin films[J]. Advanced Energy Materials, 2015, 5(20): 1500962.

[86] DONG Q F, SONG J F, FANG Y J, et al. Lateral – structure single – crystal hybrid perovskite solar cells via piezoelectric poling[J]. Advanced Materials (Deerfield Beach, Fla), 2016, 28(14): 2816 – 2821.

[87] FENG C, YIN W J, NIE J, et al. Possible effects of oxygen in Te – rich Σ3 (112) grain boundaries in CdTe[J]. Solid State Communications, 2012, 152(18): 1744 – 1747.

[88] YIN W J, WU Y, NOUFI R, et al. Defect segregation at grain boundary and its impact on photovoltaic performance of $CuInSe_2$ [J]. Applied Physics Letters, 2013, 102(19): 193905.

[89] YIN W J, WU Y, WEI S H, et al. Engineering grain boundaries in $Cu_2ZnSnSe_4$ for better cell performance: A first – principle study[J]. Advanced Energy Materials, 2014, 4(1): 1300712.

[90] FABREGAT – SANTIAGO F, KULBAK M, ZOHAR A, et al. Deleterious effect of negative capacitance on the performance of halide perovskite solar cells[J]. ACS Energy Letters, 2017, 2(9): 2007 – 2013.

[91] ZOHAR A, KEDEM N, LEVINE I, et al. Impedance spectroscopic indication for solid state electrochemical reaction in $(CH_3NH_3)PbI_3$ films[J]. The Journal of Physical Chemistry Letters, 2016, 7(1): 191 – 197.

[92] WANG P, SHAO Z, ULFA M, et al. Insights into the Hole Blocking Layer Effect on the Perovskite Solar Cell Performance and Impedance Response[J]. The Journal of Physical Chemistry C, 2017, 121(17): 9131 – 9141.

[93] KOVALENKO A, POSPISIL J, KRAJCOVIC J, et al. Interface inductive currents and carrier injection in hybrid perovskite single crystals[J]. Applied Physics Letters, 2017, 111(16): 163504.

[94] GUERRERO A, GARCIA – BELMONTE G, MORA – SERO I, et al. Properties of contact and bulk impedances in hybrid lead halide perovskite solar cells including inductive loop

elements[J]. The Journal of Physical Chemistry C, 2016, 120(15): 8023 – 8032.

[95] ANAYA M, ZHANG W, HAMES B C, et al. Electron injection and scaffold effects in perovskite solar cells[J]. Journal of Materials Chemistry C, 2017, 5(3): 634 – 644.

[96] DUALEH A, MOEHL T, TÈTREAULT N, et al. Impedance spectroscopic analysis of lead iodide perovskite – sensitized solid – state solar cells[J]. ACS Nano, 2014, 8(1): 362 – 373.

[97] KOVALENKO A, POSPISIL J, ZMESKAL O, et al. Ionic origin of a negative capacitance in lead halide perovskites[J]. physica status solidi (RRL)—Rapid Research Letters, 2017, 11(3): 1600418 – n/a.

[98] MORA – SERÓI, BISQUERT J, FABREGAT – SANTIAGO F, et al. Implications of the negative capacitance observed at forward bias in nanocomposite and polycrystalline solar cells[J]. Nano Letters, 2006, 6(4): 640 – 650.

[99] BISQUERT J. A variable series resistance mechanism to explain the negative capacitance observed in impedance spectroscopy measurements of nanostructured solar cells [J]. Physical Chemistry Chemical Physics, 2011, 13(10): 4679 – 4685.

[100] BISQUERT J, GARCIA – BELMONTE G, PITARCH Á, et al. Negative capacitance caused by electron injection through interfacial states in organic light – emitting diodes[J]. Chemical Physics Letters, 2006, 422(1 – 3): 184 – 191.

[101] KAMEL F E, GONON P, JOMNI F, et al. Observation of negative capacitances in metal – insulator – metal devices based on a – $BaTiO_3$:H[J]. Applied Physics Letters, 2008, 93(4): 042904.

[102] ROY S K, ORAZEM M E, TRIBOLLET B. Interpretation of low – frequency inductive loops in PEM fuel cells[J]. Journal of the Electrochemical Society, 2007, 154(12): B1378 – B1388.

[103] MÜLLER J T, URBAN P M, HÖLDERICH W F. Impedance studies on direct methanol fuel cell anodes[J]. Journal of Power Sources, 1999, 84(2): 157 – 160.

第 2 章　理论基础和实验技术

2.1　高压实验技术及意义

2.1.1　高压实验技术

高压技术的革命推动了高压物理学的发展进程,高压技术的发展主要分为三个阶段。1962 年,Canton 运用玻璃管简单装置成功测量了液体的压缩实验,直到 Amagat 创建活塞压力计,高压研究进入固体压缩性研究时代。20 世纪上半叶,Brigeman 设计对顶砧装置,奠定了高压研究的基础,因此其在 1946 年获得诺贝尔物理学奖。1950 年后,学者们引用金刚石对顶砧装置,突破了压力的限制,促进高压物理学得到发展,同时动高压实验也取得了快速发展。

本书采用的金刚石对顶砧装置(diamond anvil cell,DAC)如图 2.1 所示。DAC 产生压力高,应用广泛。同时,金刚石具有很好的透光性,因此可以与拉曼(Raman)、X 射线衍射(X‑ray diffraction,XRD)等光学测量结合,丰富了高压实验手段。其工作原理是在两个平行对中的金刚石之间放上垫片,在金属垫片上钻孔充当样品腔,在里面装测试样品、标压物质以及传压介质。根据大质量支撑原理,由 $P = F/S$ 可知,由于金刚石砧面面积很小,因此在样品腔中会产生很高的压力。

在样品腔中,存在压力梯度,因此为了使样品腔中的样品受到的压力尽量均匀,里面需要填充传压介质。传压介质可分为固体、液体、气体三种。固体传压介质,如 NaCl、叶蜡石、滑石等。用固体充当传压介质,样品腔内的压力为准静水压,但是保持静水压的压力点较低。液体传压介质,如甲、乙醇混合液、硅油、液氩等。用液体充当传压介质,样品腔内的压力为静水压,但是随压力的增加,液体会固化,因此在高压条件下样品腔内也不是准静水压。气体传压介质,如氦气、氩气、氧气、氢气等。用气体充当传压介质,样品腔内为静水压,而且静水压条件会保持较高的压力点,但是用气体作为传压介质,实验操作困难。压力采用红宝石标定。利用红宝石荧光 R1 峰随压力的移动规律进行标压,经过修订后的经验公式如下[43-44]:

$$P = 248.4\left[\left(\frac{\Delta\lambda}{\lambda_0}+1\right)^{7.665}-1\right] \quad (2.1)$$

式中　$\Delta\lambda$——波长的红移;

　　　λ_0——定值 694.24 nm。

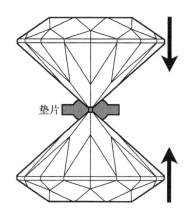

图 2.1　金刚石对顶砧装置原理图

2.1.2　高压实验的意义

高压科学是研究在压力作用下,物质的状态、结构、特征和输运行为的科学。高压科学研究主要以凝聚态物质为主,涉及物理学、化学、生物学等诸多研究领域。其意义在于以下几点。

(1)反映物质的结构相变、电子结构相变:在压力的作用下,物质的结构会发生变化(晶格畸变),载流子的输运过程与晶格散射密切相关,因此导致电子结构发生改变。在测量时会导致电学参数的异常。

(2)探测物质的压致金属-绝缘体的相变:在压力的作用下,物质中原子间距离缩短,电子耦合作用增强,能带变宽,价带与导带交叠,能隙闭合,从而导致金属向绝缘体的转变[45]。

(3)压致超导现象:目前的 H_2S 压致高温超导现象。

(4)高压巨磁阻研究:如高压下 WTe_2 的巨磁阻效应。

2.1.3 绝缘垫片的制作

本书中所使用的绝缘垫片的制作过程大概可以分为以下四步。

(1) 选择直径为 10 mm、厚度为 250 μm 的圆形 T301 钢片作为垫片,将其放置在 DAC 中(保持同轴)预压至 70 μm(图 2.2(a))。

(2) 使用激光打孔器(图 2.3)在预压后的垫片中心处打出一个 250 μm 的孔(要小于金刚石砧面的直径 400 μm)(图 2.2(b))。

(3) 将氧化铝与环氧树脂按照一定比例混合而成的绝缘粉压入垫片的孔中,从而使电极和垫片之间绝缘(分别在两颗金刚石砧面上集成的平行板电极需要对垫片的两面做绝缘,在一颗金刚石砧面上集成的对称二电极只需对垫片一面做绝缘)(图 2.2(c))。

(4) 最后利用激光在垫片中心打出一个直径为 180 μm 左右(要小于第 2 步中孔的直径)的孔中孔作为样品腔,以保证样品与垫片绝缘(图 2.2(d))。

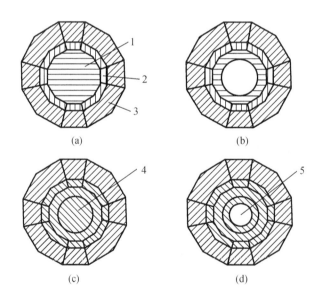

1—预压后的垫片砧面;2—预压后的垫片倒角;3—预压后的侧棱部分;
4—压有绝缘粉的垫片压痕;5—样品腔[63]。

图 2.2 绝缘垫片的制备过程示意图

图 2.3　激光打孔装置

2.1.4　薄膜电极的集成

传统的高压电学测量往往是在 DAC 中手动布置铂(Pt)电极进行的,虽然使用这种方式比较简便,且会缩短实验准备时间,但是仍然存在一些缺点:一方面,当施加很高压力时,铂电极容易被"扯断"从而使实验被迫中断;另一方面,在高压作用下,铂电极会延展变形,这给实验的测量和后期数据的处理带来不利影响。取而代之的薄膜电极就不会出现这些问题,而且经过十几年的发展,薄膜电极的集成技术已经十分成熟。以典型的四电极的集成为例,薄膜电极的集成过程可分为以下五步。

(1)将金刚石置于浓硫酸和浓硝酸的混合液中加热煮沸清洗,彻底清洗金刚石表面(图 2.4(a))。

(2)使用磁控溅射设备(图 2.5(a))在清洁过的金刚石表面镀一层金属钼(Mo)薄膜作为电极材料(图 2.4(b))。

(3)使用紫外光刻机(图 2.5(b))选择四电极模板对金刚石表面上的 Mo 薄膜电极进行光刻(图 2.4(c))。

(4)利用磁控溅射设备在光刻后的电极上镀一层氧化铝薄膜,起到绝缘和保护 Mo 电极的作用(图 2.4(d))。

(5)在镀了氧化铝薄膜的金刚石的侧棱下部刻蚀探测电极窗口,然后使用导电银胶将导线粘在窗口处,引出测量电极(图 2.4(e))。

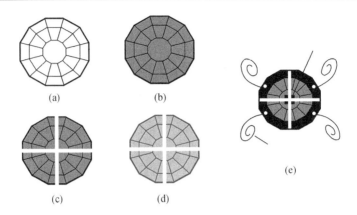

图 2.4　薄膜四电极的集成过程示意图

如此便完成了薄膜四电极的集成,对于不同的电极构型,只需要选择不同的模板进行光刻即可。

(a)磁控溅射设备

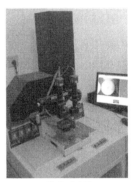
(b)紫外光刻机

图 2.5　磁控溅射设备和紫外光刻机

2.2　交流阻抗谱

在有机-无机杂化钙钛矿(HOIP)文献报道中,电化学交流阻抗谱已经成为检测不同时间尺度发生的传输过程的重要工具。"阻抗"的概念类似于电阻,是可以描述具有非线性电流电压关系的复杂电路,例如,具有电容、电感或传质过程的电路。交流阻抗谱将理论电路元件与材料中发生的实际电化学过程相关联,可以把电流、电压和频率数据拟合到等效电路模型中。对一个给定的系统施加一个交流电压,测量交流电流的响应,记录在所施加的频率范围内的相角移动和幅度变化,从而得到阻抗谱数据,这样可以区分不同时间尺度发生的传输过程。因此,交流阻抗谱可以区分混合导体中的电子和离子过程,使其成为研究HOIP中离子迁移的适当工具。

2.2.1 阻抗谱原理和等效元件

电阻 R 代表电路元件对电流的阻碍作用。欧姆定律定义电阻是电压与电流的比值:$R=E/I$,欧姆定律适用于只有一个理想电阻的电路元件。理想电阻需要满足几个条件:(1)在所有的电流和电压范围内都满足欧姆定律;(2)电阻值与频率无关;(3)通过理想电阻的交流电压和交流电流在同一相位。然而,在现实中有许多更复杂的电路元件。这些电路元件迫使我们摒弃简单的电阻概念,引入阻抗。与电阻相似的是:阻抗代表的是一个电路对电流的阻碍作用,与电阻不同的是阻抗不局限于上述电阻的性质。

阻抗测量通常是对一个给定系统施加一个交流电压,测量通过系统的电流。假设我们施加一个正弦交流电压,对于电压的响应是一个交流电流信号。该电流信号可以作为正弦函数的总和(傅里叶级数)进行分析。在线性(或伪线性)系统中,电流的响应是与电压同一频率的正弦波,但是相位会发生偏移,如图2.6所示。

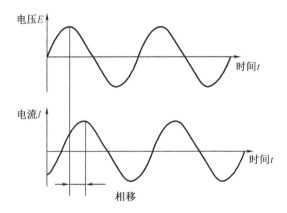

图 2.6 线性系统的正弦电流响应

激励信号(交流电压)是与时间相关的函数:

$$E_t = E_0 \sin(\omega t) \tag{2.2}$$

式中 E_t——时间为 t 时的电压;

E_0——交流电压的振幅;

ω——角频率,$\omega = 2\pi f$。

在线性系统中,响应信号(交流电流)I_t 移动一个相角 φ 并与 I_0 具有不同的振幅:

$$I_t = I_0 \sin(\omega t + \varphi) \qquad (2.3)$$

式中 I_t——交流电流的振幅。

类比于欧姆定律,阻抗可以定义为

$$Z = \frac{E_t}{I_t} = \frac{E_0 \sin(\omega t)}{I_0 \sin(\omega t + \varphi)} = Z_0 \frac{\sin(\omega t)}{\sin(\omega t + \varphi)} \qquad (2.4)$$

如果把激励信号作为 X 轴,响应信号作为 Y 轴,得到的图形是椭圆,称为利萨如图形(图 2.7)。分析示波器屏幕上的利萨如图形是现有阻抗谱测量仪器可用之前的阻抗谱测量方法计算出的圆形。

利用欧拉公式:

$$\exp(j\varphi) = \cos\varphi + j\sin\varphi \qquad (2.5)$$

可以把阻抗转变成复数的形式,激励信号和响应信号可以写成:

$$E_t = E_0 \exp(j\omega t) \qquad (2.6)$$

$$I_t = I_0 \exp(j\omega t - \varphi) \qquad (2.7)$$

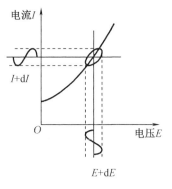

图 2.7 利萨如图形

这样阻抗表示为复数:

$$Z(\omega) = \frac{E}{I} = Z_0 \exp(j\varphi) = Z_0(\cos\varphi + j\sin\varphi) \qquad (2.8)$$

$Z(\omega)$ 的表达式由实部和虚部组成,把实部作为横轴,虚部作为纵轴,我们就

得到阻抗谱的 Nyquist 图(图 2.8)。请注意,在此图中,纵轴为负,并且图上的每个点对应一个频率。图 2.8 显示了从左侧到右侧对应数据的从高频到低频。在 Nyquist 图上,阻抗可以表示为长度 $|Z|$ 的矢量。该矢量与横轴之间的夹角 φ 称为相位角。Nyquist 图有一个主要的缺点:我们无法分辨 Nyquist 图的每一个数据点的具体频率是多少。阻抗谱的另一种呈现方法称为 Bode 图(图 2.9)。把频率的对数作为横轴,把阻抗的绝对值和相位角作为纵轴。与 Nyquist 图不同的是 Bode 图可以清楚地显示频率的信息。

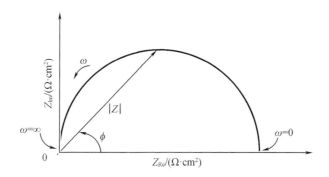

图 2.8　典型的阻抗谱 Nyquist 图

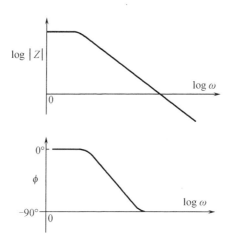

图 2.9　典型的阻抗谱 Bode 图

还有一些与阻抗相关的其他测量或导出量在交流阻抗谱中起重要作用。首先是导纳:$Y = Z^{-1} = Y' + jY''$。Y' 和 Y'' 分别代表导纳的实部和虚部。另外两个量通常定义为模量 $M = j\omega C_c Z = M' + jM''$ 和复介电常数 $\varepsilon = M^{-1} = Y/j\omega C_c = \varepsilon' -$

$j\varepsilon''$。在这些表达式中,$C_c = \varepsilon_0 A_c/l$是两个平行板电极之间的电容,$A_c$是平行板电极的面积,$l$是平行板之间的距离,$\varepsilon_0$是真空介电常数,$\varepsilon_0 = 8.854 \times 10^{-12}$ F/m。这四个基本导抗函数之间的关系如表2.1所示。

表2.1 四个基本导抗函数之间的关系

导抗函数	M	Z	Y	ε
M	M	μZ	μY^{-1}	ε^{-1}
Z	$\mu^{-1} M$	Z	Y^{-1}	$\mu^{-1}\varepsilon^{-1}$
Y	μM^{-1}	Z^{-1}	Y	$\mu\varepsilon$
ε	M^{-1}	$\mu^{-1}Z^{-1}$	$\mu^{-1}Y$	ε

注:其中$\mu \equiv j\omega C$。

阻抗谱、模量和复介电谱通常是利用等效电路模型拟合进行分析。利用一些"电学元件"以及"电化学元件"来构成一个电路,使得这个电路的阻纳频谱与测得的阻抗谱相同。等效电路应该始终根据对电化学系统的直观理解进行选择,要基于系统的化学和物理特征并且不包含任意选择的电路元件。选择等效电路过程中需要模型与实验数据之间"最佳拟合",但是产生最佳拟合并不意味所使用的等效电路模型具有物理意义。对数据分析应以系统中发生的物理过程为基础,将模型与数据进行比较,并尽可能地简化模型。模型中的大多数电路元件是常见的电学元件。例如,许多模型中都包含电阻。电阻的阻抗与频率无关,并且只有一个实部分量。由于具有一个虚部阻抗分量,因此通过电阻的电流和电压在同一相角。电感的阻抗随频率的增加而增加,电感仅有虚部的阻抗分量,因此电感的电流相对电压相角移动 +90°。电容的阻抗与频率的关系和电感与频率的关系恰恰相反,随着频率的升高,电容的阻抗会降低。电容同样仅有虚部的阻抗分量。电容的电流相对电压相角移动 -90°。表2.2列出了电阻、电感和电容的电流-电压关系以及阻抗。

表2.2 电阻、电感和电容的电流-电压关系以及阻抗

电路元件	等效电路	电流-电压关系	阻抗
电阻	$R(\Omega)$	$V = IR$	R
电容	$C(F)$	$I = CdV/dt$	$1/j\omega C$
电感	$L(H)$	$V = LdI/dt$	$j\omega L$

需要记住的是,等效电路分析是一种试图用纯电学术语去表示包含化学、物理、电学和机械性质的复杂现象的方法。等效电路由与所研究系统中物理过程相关的电路元件组成。在许多情况下,理想的电路元件如电阻和电容元件可以使用。然而除了理想的电路元件之外,还需要一些特殊的元件来充分描述真实系统的阻抗响应。随着对阻抗谱分析和实际现象的理解的扩展,电路中引入了一些额外的"分布式"等效电路元件,以更好地表示等效电路实际过程的非理想性质。这些元件包括常相位角元件和 Warburg 元件。

在实际系统中,观察到的结果与理想情况会有一些偏差。如果对一个宏观系统施加一个电位,总电流是大量微小电流的总和,这些微小电流起源于电极结束于电极。如果电极表面粗糙,或者系统中的一种或多种介电材料是不均匀的,那么这些微小的电流有许多是不同的。在对小振幅激励信号的响应中,这将导致频率相关效应,通常可以用"分布式"电路元件模拟。例如,在阻抗谱实验中,许多电容尤其是电双层电容 C_{DL},因电流和电活性物质的分布,通常表现得不理想。这些电容通常像一个常相位角(CPE)元件,这是一个在阻抗数据建模中广泛应用的元件。术语"常相位角"源于元件所代表的电路部分的相位角,与交流频率无关,一般用 Q 表示。CPE 阻抗与 CPE 系数 Q 的关系为

$$Z_{CPE} = \frac{1}{Q(j\omega)^{\alpha}} = \frac{1}{Q\omega^{\alpha}}\left[\cos\left(\frac{\alpha\pi}{2}\right) - j\sin\left(\frac{\alpha\pi}{2}\right)\right] \tag{2.9}$$

当 $Q=1$,指数 $\alpha=1$ 时,该方程可以表述为纯电容 C;当 $\alpha=0$ 时,该方程可以表述为理想电阻 $Q=1/R$。CPE 和相应 α 的值可以从 Bode 图中获得,以 $\log Z_{IM}$ 对 $\log f$ 作图时,用图中的斜率确定。理想电容的斜率为 1,CPE 的斜率小于 1。当 $\alpha=-1$ 时,该方程可以表述为纯电感 L。

在 Nyquist 图中,由单个 CPE 元件组成的电路是一条直线,该直线与横轴呈 $-\alpha \times 90°$ 角。由电阻 R 和 CPE 并联组成的电路是一个压缩的半圆,角度为 $(\alpha-1) \times 90°$,如图 2.10 所示。这两种情况很常见。例如通常有与 CPE 并联存在的"泄露"传导路径,用理想的直流电阻 R 表示,尤其当 CPE 用于表示界面工程(例如双层充电电容 C_{DL})时。这种情况下,Nyquist 图中则是一个压缩的半圆弧而不是一条直线。

相比于电阻和电容的并联组合,CPE 能够适合于大多数阻抗数据的拟合。利用 CPE,只使用三个参数就能得到对阻抗图的很好拟合,而只比一般的 RC 电路多一个参数。指数 α 的取值范围为 -1 到 1,这样处理,CPE 则成为一个非常灵活的元件,可以代替电容、电阻和电感。但是在使用 CPE 元件对阻抗数据进行拟合的时候需要关注以下两个重要问题。

(1)尽管假设时间常数是分布的比具有单一值更好,但是真实的物理体系可

能无法遵循式(2.9)中的特定分布,即时间常数的弥散与时间常数的分布不同。

$$G(\tau) = \frac{1}{2\pi\tau} \frac{\sin(\alpha\pi)}{\cosh\left[(1-\alpha)\ln\left(\frac{\tau}{\tau_0}\right)\right] - \cos(\alpha\pi)} \tag{2.10}$$

(2)利用 CPE 对实验数据进行拟合,可以得到很好的拟合效果。然而,这种令人满意的结果却不一定与体系中的物理过程相关。例如有些数据拟合选取的阻抗模型可以不是唯一的。因此,与实验数据本身拟合度较高并不能保证拟合模型正确地描述了给定体系的物理特性。利用图解法,可以确定体系是否在给定频率范围内遵循 CPE 行为。

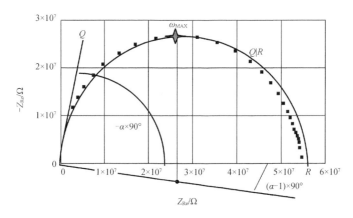

图 2.10　单个 CPE 和 CPE 与电阻并联的 Nyquist 图

注:Q 为有效 PCE 系数;R 为电阻。

在 CPE 阻抗的表达式中还有一种特殊情况,当 $\alpha = 0.5$ 时,描述了均匀半无限扩散的 Warburg 阻抗:

$$Z_W = \frac{dV}{dC^*} \frac{(\omega^{-\frac{1}{2}} - j\omega^{-\frac{1}{2}})}{ZFA\sqrt{2D}} = \frac{dV}{dC^*} \frac{1-j}{ZFA\sqrt{2D\omega}} = \frac{R_G T(1-j)}{Z^2 F^2 A C^* \sqrt{2D\omega}}$$

$$= \frac{\sigma_D(1-j)}{\sqrt{\omega}} = \frac{R_W}{\sqrt{j\omega}} \tag{2.11}$$

式中　V——电压;

C^*——扩散粒子整体体积浓度;

Z——每种扩散粒子传输电子电荷数目;

F——法拉第常数,$F = 96\,500$ C/mol;

A——电极的表面积;

D——扩散系数;

R_G——气体常数,$R_G = 8.31 \text{ J/(kmol)}$;

T——温度;

σ_D——Warburg 系数;

R_W——均匀半无限扩散的 Warburg 阻抗,$\theta = 1/R_W$。

绘制 $Z' - \omega^{-\frac{1}{2}}$ 图像,Z' 与 $\omega^{-\frac{1}{2}}$ 满足如下关系:$Z' = Z'_0 + \sigma_D \omega^{-\frac{1}{2}}$,从 $Z' - \omega^{-\frac{1}{2}}$ 图像中的斜率可以得到 Warburg 系数。Warburg 系数定义为

$$\sigma_D = \frac{R_G T}{Z^2 F^2 A \sqrt{2}} \left(\frac{1}{C^*_{OX} \sqrt{D_{OX}}} + \frac{1}{C^*_{RED} \sqrt{D_{RED}}} \right) \quad (2.12)$$

或

$$\sigma_D = \frac{R_G T}{Z^2 F^2 A \sqrt{2}} \frac{(k_f + k_b)^2}{k_f k_b} \quad (2.13)$$

式中 C^*_{OX}——还原体积浓度;

C^*_{RED}——氧化体积浓度;

D_{OX}——氧化剂扩散系数;

D_{RED}——还原剂扩散系数;

k_f——异质电荷向前传输速率;

k_b——异质电荷向后传输速率。

如果扩散系数 D 是已知的,就可以获得摩尔浓度 C^*。

半无限扩散 Warburg 阻抗与频率的平方根成反比。CPE 可以表示成两个独立的参数"扩散电容"和"扩散电阻",它们都取决于频率的平方根。在 Nyquist 图中,无限 Warburg 阻抗显示为斜率为 0.5 的直线(图 2.11(a))。在 Bode 图中,无限 Warburg 阻抗的相位角在低频区移动 -45°(图 2.11(b))。

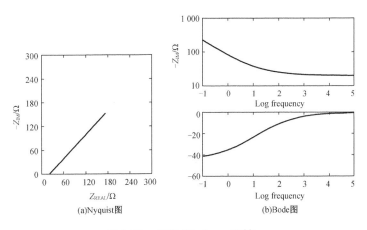

(a)Nyquist图　　(b)Bode图

图 2.11　无限 Warburg 阻抗

另一种特殊情况是"有限"扩散阻抗,通常定义两个电极边界条件。对于"透射"边界即扩散的物质在电极处瞬间被消耗时,扩散阻抗变为

$$Z_{\text{Transmitting}} = \frac{R_G T L_D}{z^2 F^2 A C^*} \frac{\tanh \sqrt{j\omega/\omega_D}}{\sqrt{j\omega/\omega_D}} \tag{2.14}$$

或

$$Z_{\text{Transmitting}} = \frac{R_G T L_D}{z^2 F^2 DA C^*} \frac{\tanh \sqrt{j\omega L_D^2/D}}{\sqrt{j\omega L_D^2/D}} = R_D \frac{\tanh \sqrt{j\omega L_D^2/D}}{\sqrt{j\omega L_D^2/D}}$$

$$= \frac{\sigma_D (1-j)}{\sqrt{\omega}} \tanh(L_D \sqrt{j\omega/\omega_D}) = \frac{\frac{2\sigma_D}{\sqrt{\omega}}[1-j(\tanh \sqrt{\omega L_D^2/D})^2]}{1+(\tanh \sqrt{\omega L_D^2/D})^4} \tag{2.15}$$

当 $\omega \to 0$ 时,限制扩散电阻为

$$R_D = \frac{R_G T L_D}{Z^2 F^2 DA C^*} \sim \frac{1}{C_D} \frac{L_D^2}{D} \tag{2.16}$$

式中 C_D——当 $\omega \to 0$ 时的限制差分电容,$C_D = \frac{Z^2 F^2 A C^* L_D}{R_G T}$。

在高频区,tanh 项趋近于 1,表达式变成仅向前的半无限扩散:

$$Z_W = \frac{R_G T}{z^2 F^2 A C^* \sqrt{j\omega D}} \tag{2.17}$$

对于"反射"边界,即没有发生放电过程并且电极完全"阻塞"时,阻抗变为

$$Z_{\text{Reflecting}} = R_D \frac{\cosh \sqrt{j\omega/\omega_D}}{\sqrt{j\omega/\omega_D}} \tag{2.18}$$

或

$$Z_{\text{Reflecting}} = R_D \frac{\coth \sqrt{j\omega L_D^2/D}}{\sqrt{j\omega L_D^2/D}} = \frac{R_G T L_D}{z^2 F^2 DA C^*} \frac{\cosh \sqrt{j\omega/\omega_D}}{\sqrt{j\omega/\omega_D}} = \frac{L_D^2}{D C_D} \frac{\cosh \sqrt{j\omega/\omega_D}}{\sqrt{j\omega/\omega_D}} \tag{2.19}$$

"有限"扩散的阻抗不再是单一的一条 -45°的直线,而是一个压扁的半圆弧或 -90°的直线。等效电路是一个并联的 CPE 元件和纯电阻元件,并且强烈依赖于电化学电位。对于"反射"边界阻抗我们称为发散模型,是由一个高频区的直线和一个 -90°的直线组成,如图 2.12(a)所示。对于"透射"或"吸收"边界的阻抗我们称为闭环模型,由一个高频区 -45°的直线和一个压扁的半圆阻抗组成,如图 2.12(b)所示。

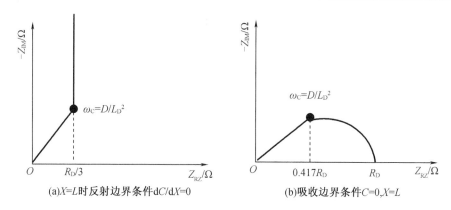

(a) $X=L$ 时反射边界条件 $dC/dX=0$ (b) 吸收边界条件 $C=0, X=L$

图 2.12　层厚度为 L 的扩散阻抗的复图

2.2.2 阻抗谱在 HOIP 材料中的应用

HOIP 材料是离子-电子混合半导体,因此阻抗谱图中会包含电子过程和离子过程的信息。通常在 Nyquist 图中会观察到两个鲜明的特征:高频区的半圆和低频的半圆或直线。在高频区由电子主导传输过程,等效电路是一个简单的 RC 电路[1]。在相对的低频区域,离子传导主导传输过程,等效电路是镜像的 Randles 模型。离子传输确实在低频区占主导地位,电子传输在高频区占主导地位,但是在中频区同时存在电子和离子影响。然而,这些特征与器件的结构和组分有关。因此 HOIP 器件中涉及的物理过程到目前还有很多争议。

图 2.13 显示了文献报道中 HOIP 器件测量的阻抗谱和相应的 Nyquist 图[2]。模型 A 是最简单的等效电路而模型 B 至 D 相对比较复杂。模型 B 是一个简单的电子 RC 电路,因为双电容层是有效缩短的,由于存在离子传输,在低频区电路镜像了一个 Randles 电路。模型 C 耦合了电子/离子传输,但是并联的电阻 R_{elec} 没有和离子耦合。模型 D 与之前的等效电路不同,这里面包含了电子和离子传输并联过程。模型 E 用常相位角元件 CPE_{ion} 代替了电容元件 C_{ion},拟合的结果变得更好。在模型 D 和 E 中,R_{ion} 代表低频区的电阻。模型 E 也耦合了电子/离子传输,但是与模型 C 中的电阻不同。总体来说,模型 F 创建的等效电路应用广泛,尝试用一个等效电路去拟合说明更多 HOIP 材料或相关器件的工作原理。Venkataraman 等创建了这个等效电路并被 Fan 等成功使用——电子传输从离子传输中分离出,用一个电阻元件 R_{elec} 代表。离子扩散用一个 Warburg 元件代表[3-4]。Warburg 元件显示了由于离子扩散而产生的传质过程,在 Nyquist 图的低频区是一个 45° 的直线[5-6]。CPE 元件的数学表达式为

$$Z_{CPE} = \frac{1}{Q(j\omega)^\alpha} \quad (2.20)$$

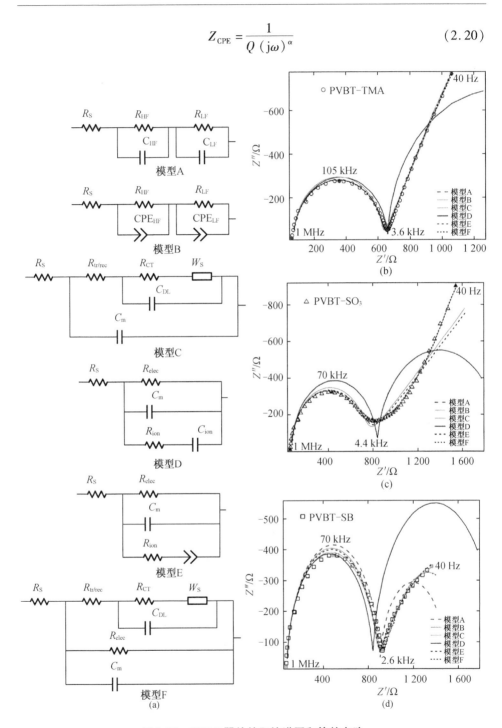

图 2.13 HOIP 器件的阻抗谱图和等效电路

一个理想的 Warburg 元件的阻抗为

$$Z_W = \frac{R_W}{\omega^\alpha} - \frac{jR_W}{\omega^\alpha} \qquad (2.21)$$

其中 α = 0.5[6]。Warburg 元件可以深入给出在高频和低频基于扩散的物理过程，因此是分析 HOIP 材料或相关器件中离子迁移的理想元件。

为了精确地模拟器件中的阻抗谱数据，等效电路模型中每个电路元件必须对应一个物理过程。图 2.14 显示了 Venkataraman 等开发的等效电路模型和相应物理过程的 HOIP 光伏器件，包含积累区域和离子扩散区域并延伸到大块的 HOIP 薄膜。这个等效电路中结合了慢电荷和快电荷的传输过程[1,3,7-9]。在这个等效电路中，R_{elec} 不和离子传输耦合，高频区的阻抗谱用电子电荷传输/再复合电阻 R_{tr}/R_{rec} 表示。存储在 HOIP 活动层的电荷用电容元件 C_μ 表示[3,5,10]。低频区的阻抗谱用一个电荷传输电阻和一个双层电容表示，用来量化由于离子或电子电荷积累引起的在活动层/电极势垒处的电阻和电容变化。同时，用 Warburg 元件量化穿过 HOIP 活动层的离子。

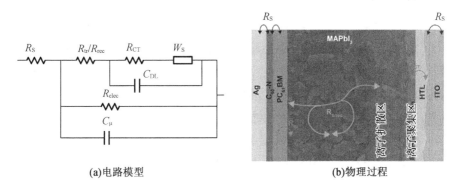

(a)电路模型　　　　　　　　(b)物理过程

图 2.14　Venkataraman 等开发的等效电路模型和相应物理过程的 HOIP 光伏器件

HOIP 光伏器件阻抗谱的低频区(对应较长时间尺度的物理过程)已经以许多方式解释了离子传输。在 HOIP 阻抗谱研究初期，Grätzel 和 Cameron 等发现了阻抗谱数据低频区的不规则性，但是没有进一步分析这些特征[11-12]。随后，Grätzel 试图寻找一个适合固态染料敏化太阳能电池(dye - sensitized solar cells, DSC)等效电路来分析固态 HOIP 光伏器[13]。他们发现在阻抗谱的低频区或者出现一个负电容(电感)，或者出现一个附加的电容半圆弧，并且认为这些特征与界面处的离子迁移有关。有趣的是，他们从 DSC 电路模型转向固态 HOIP 模型时，去掉了代表离子传输的 Warburg 元件。用一个简单的 RC 电路代表在电子传输层和空穴传输层的离子积累,但是没有考虑穿过薄膜的传质过程。Cahen 等同样在阻抗谱的低频区发现了负电容(电感)现象,但是他们不认为这一现象与离子/空位的积累有关。他们认为这种现象只有在离子/空位能够影响电荷注入电子传输层/空穴传输层的势垒时才会出现,负电容(电感)在 HOIP 中不是真实存在的[14]。但是有证据显示离子和空位的积累可能导致电子传输层/空穴传输层界面处能带弯曲,进而影响电荷注入的势垒。另外,他们注意到低频处出现的现象在空气条件下就会消失,他们认为是重度 n 型掺杂造成的。Cheng 等通过一项开创性的研究工作对不同结构和不同掺杂程度的 HOIP 电池进行阻抗谱分析,观察到明显的 Warburg 扩散元件的特征。在他们的文献中指出"有一些电池器件显示出明显的代表离子扩散的 45°倾斜的直线,而在另一些器件中并没有发现"[15]。同样的,在 Cheng 等的文献中也没有分析 Warburg 扩散或者把低频区的特征归因于离子传输。取而代之的是,他们把低频区的特征归因于介电弛豫并且仅以电子电荷载流子的角度看待相对掺杂,尽管之前的工作已经表明离子种类可以强烈影响掺杂程度。

虽然阻抗谱数据已经清楚地发现了 HOIP 中低频区的响应特征,即对应慢时间尺度的物理过程,但是对数据的分析和最能描述这些特征的等效电路的模型仍然存在争议。从文献报道中可以清楚地知道,Warburg 扩散元件作为一种可能的情况再次出现,尽管越来越多的工作报道相信 HOIP 中确实有离子穿过薄膜,但是从来没有认真地纳入阻抗谱数据的分析中。Venkataraman 等在分析 $MAPBI_3$、$MA_xFA_{1-x}PbI_3$ 和 $FAPbI_3$ 阻抗谱数据时加入了 Warburg 扩散元件[3]。他们能够利用阻抗谱数据定性地确定为有机阳离子的传质过程,并能为阳离子的迁移提供证据,同时量化阳离子的相关数值如离子扩散系数和活化能。Fan 等在他们的阻抗谱中也发现了 Warburg 元件,并且找到证据支持"是由有机阳离子迁移产生的 Warburg 扩散"的推测。

2.2.3 高压阻抗谱的测量

在高压原位阻抗谱测量中,电极构型有两种:(1)电极在样品一侧(为了简便,在下文中称其对称电极)组装示意图和电极实物图如图 2.15 所示;(2)平行板电极组装示意图如图 2.16 所示。根据实际测量对电极构型进行选择。由于电极制作过程需要的时间较长,因此对于一些对光照、空气和水分等外部环境比较敏感的材料,一般把电极放置在样品的一侧,这样就可以先制作好电极后再填充样品,保证样品在短时间内不会变质。

对称电极的优点在于：(1)制作简单，在测试过程中实验人员可以实时地观测材料在不同压力点的变化，如形状和颜色等。(2)由于加压过程中，金刚石砧面不同处压力不同，有压力梯度。红宝石可以放置在测量材料的中心（金刚石压砧的中心）并与材料接触，测得的压力点最接近样品内部的压力。(3)可以同步对材料的电输运性质和光学性质进行测试，如拉曼、荧光和 XRD 等。(4)可以进行单晶阻抗的测量，方便填充传压介质。

对称电极的缺点在于：(1)无法通过阻抗谱数据准确算出一些电学参数的值，如介电常数、扩散系数等，只能定性给出电学参数随压力的依赖关系。(2)通过材料的电场不是匀强电场，测量过程中对实验环境的要求很高。外部的干扰信号如光照、声音和磁场等对材料信号影响较大。(3)测量过程中样品会有形状和厚度的变化，电极与样品接触是一个点或是一条线，虽然在小压力点范围内影响很小。但是冲击超高压时，电极的变形很大，电极与样品的接触点也会发生变化。电极是测量的电学参数变化的一部分原因。

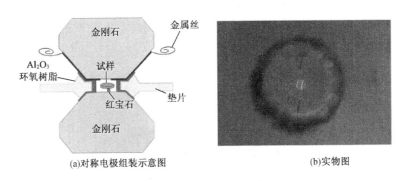

图 2.15　电极组装及实物图

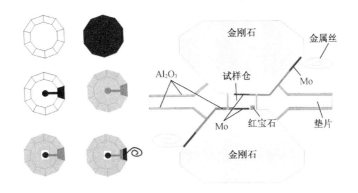

图 2.16　平行板电极组装示意图

而对于一些相对稳定的材料,通常需要选用平行板电极。平行板电极的优点在于:(1)在样品内部产生的电场接近匀强电场,测得的数据更准确。特别是利用阻抗谱数据计算材料的介电常数时,平行板电极测量更精确,稳定性更好。(2)无论是在小压力点还是冲击超高压时,电极与样品的接触点是一个面,这样就可以准确地给出样品在不同压力点的厚度和与电极接触的面积。(3)平行板电极的大小和形状可以根据不同的实验需求进行制备,如圆形电极或方形电极。(4)可以排除电容器的边缘效应,即电容器边缘处以及外表面电荷分布与中部电荷分布不同。

平行板电极也存在许多不足:(1)红宝石只能放在样品的边缘,测量的压力点与实际压力存在一点偏差。(2)无法与光学性质共同测量。(3)几乎观看不到样品的颜色变化。(4)无法完成高压下单晶阻抗谱的测量。

本书中高压阻抗谱测量仪器使用的是 Solartron1296 介电接口连接的 Solartron1260 阻抗分析仪。图 2.17 显示了阻抗分析仪的实物图。仪器测量的频率范围是 10 μHz~30 MHz。在本书中,测量过程中选择的频率范围是 10^{-2}~10^7 Hz。样品两端施加 1 V 的交流电压作为微扰信号。在测试过程中,为了防止其他信号影响,压机放置在金属盒内进行屏蔽。

图 2.17 用 Solarton1296 介电接口连接的 Solartron1260 阻抗分析仪

2.3 高压光电导

2.3.1 光电导原理

半导体材料中的许多传输性质可以通过导带和价带间的带隙解释。在一个理想半导体材料中,带隙中没有能态。这种类型的半导体对于小于特定角频率v_0的光是透明的。角频率v_0满足$hv_0 = E_g$,E_g是带隙宽度。如果光子的吸收仅仅是由电子从导带转移到价带,这种类型的吸收称为基本吸收或本征吸收。图 2.18 为本征吸收示意图。显然要发生本征吸收,光子的能量必须大于或等于禁带宽度E_g,即

$$hv \geq hv_0 = E_g \tag{2.22}$$

如果传导电子和空穴(自由载流子)的密度不太大,以至于存在金属传导,其中载流子的吸收与本征吸收的数量级相同,那么对于非理想半导体也是如此。本征吸收是产生光电流的原因。

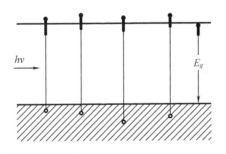

图 2.18 本征吸收示意图

光电导实验测量示意图如图 2.19 所示。当光照射到半导体上发生光吸收,产生附加的载流子时,如果光子的能量小于带隙,则只能产生一种载流子如杂质吸收;如果光子的能量大于或等于带隙则产生电子－空穴对。因此,黑暗条件下的电导率为

$$\sigma_0 = |e|(n_0\mu_n + p_0\mu_p) \tag{2.23}$$

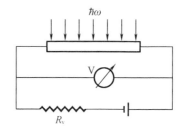

图 2.19 光电导实验测量示意图

会增加一定的数量：

$$\Delta\sigma = |e|(\Delta n\mu_n + \Delta p\mu_p) \quad (2.24)$$

由此得到光电导的绝对值为

$$\frac{\Delta\sigma}{\sigma_0} = \frac{\Delta n\mu_n + \Delta p\mu_p}{n_0\mu_n + p_0\mu_p} \quad (2.25)$$

引入迁移率比例系数 $b = \mu_n/\mu_p$，得到：

$$\frac{\Delta\sigma}{\sigma_0} = \frac{b\Delta n + \Delta n}{bn_0 + p_0} \quad (2.26)$$

如果在实验中样品中的电流通过串联大电阻保持恒定，则样品上的电压减小量为

$$\Delta U = U\Delta\sigma/\sigma_0 \quad (2.27)$$

对于高敏材料研究，使用光斩波器和相敏检测器。对于瞬态行为的研究，使用闪光灯或 Kerr 单元斩波器与 CW 光源和示波器相结合更合适。

2.3.2 高压光电流测量

光电流的测量使用的是四电极模型如图 2.20 所示，图 2.20（a）为四电极模型，图 2.20（b）为准四电极模型。四电极可以消除接触电阻，在测量过程中，有机-无机钙钛矿材料的电阻值约为 10^9 Ω，因此即使有接触电阻（10～100 Ω）也可以忽略不计。可以选择两电极测量光电流，两电极在布置时相比于四电极要简便得多。此外由于样品腔很小（约为 200 μm），测量光电流时，两电极可以保证更多的光照射到样品上。测量光电流时，样品两端施加恒定电压 $U = 5$ V，以 40 s 为周期不断开光和闭光，得到不同压力下的光电流。本书中高压光电流测量使用的仪器为 CHI660D 电化学工作站。

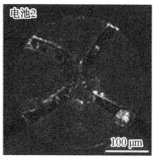

(a)四电极　　　　　　　　(b)准四电极

图 2.20　四电极模型图

2.4　高压同步辐射

2.4.1　高压 XRD 原理

物质的 X 射线衍射遵循 Bragg(布拉格)衍射方程：

$$2 d_{hkl} \sin \theta = n\lambda$$

式中　d_{hkl}——晶面间距；

　　　λ——X 射线波长；

　　　θ——衍射角。

当选择固定的 X 射线能量(即固定波长)在平面探测器收集到衍射信号时，得到的衍射环就会与晶面间距和衍射角一一对应。如图 2.21 所示为 X 射线衍射原理图。

2.4.2　高压 XRD 测量

本书中高压 XRD 数据是在中国科学院高能物理研究所测得的，选用角色散 X 射线衍射，波长为 $\lambda = 0.619\ 9$ Å。样品到探测器的距离及其他仪器参数采用 CeO_2 标样标定。获得的二维衍射环图经过 Fit2d 积分转换成一维衍射峰图，XRD 数据采用 Material Studio 中的 Rietveld 精修。为了和电学参数测量相对应，在 Run1 中没有加传压介质，在 Run2 中使用硅油充当传压介质，压力采用红宝石标定。

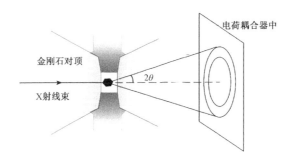

图 2.21　X 射线衍射原理图

2.5　扫描电子显微镜和透射电子显微镜

2.5.1　扫描电子显微镜

扫描电子显微镜原理：具有较高能量的电子束打在待测物质的表面时，电子束与待测物质的原子核或核外电子发生多次碰撞，产生二次电子、吸收电子、透射电子、特征 X 射线等信号，从而在这些信号中得到物质的形貌信息。其原理图如图 2.22 所示。本书中使用的电子显微镜的型号为 FEI MAGELLAN400，其在低加速电压下具有较高的分辨率，能直接观察不导电材料的显微结构。

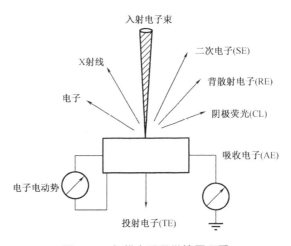

图 2.22　扫描电子显微镜原理图

2.5.2 透射电子显微镜

透射电子显微镜(transmission electron microscope,TEM)的原理是一束电子束穿过超薄样品,与样品发生相互作用,从而得到样品图像,图像经过放大聚焦在成像设备上(如荧光屏)或者传感器上如电荷耦合器件(charge coupled device,CCD)。由于入射电子的德布罗意波长较小,从而使其分辨率比光学显微镜要高出很多。本书采用的是 JEM-2200FS 透射电子显微镜,电子束的加速电压为 200 kV。

参 考 文 献

[1] BAG M, RENNA L A, JEONG S P, et al. Evidence for reduced charge recombination in carbon nanotube/perovskite-based active layers[J]. Chemical Physics Letters, 2016, 662: 35-41.

[2] LIU Y, RENNA L A, THOMPSON H B, et al. Role of ionic functional groups on ion transport at perovskite interfaces[J]. Advanced Energy Materials, 2017, 7(21): 1701235.

[3] BAG M, RENNA L A, ADHIKARI R Y, et al. Kinetics of ion transport in perovskite active layers and its implications for active layer stability[J]. Journal of the American Chemical Society, 2015, 137(40): 13130-13137.

[4] HOQUE M N F, ISLAM N, LI Z, et al. Ionic and optical properties of methylammonium lead Iodide perovskite across the tetragonal-cubic structural phase transition[J]. ChemSusChem, 2016, 9(18): 2692-2698.

[5] ZARAZUA I, HAN G, BOIX P P, et al. Surface recombination and collection efficiency in perovskite solar cells from impedance analysis[J]. The Journal of Physical Chemistry Letters, 2016, 7(24): 5105-5113.

[6] HO C, RAISTRICK I D, HUGGINS R A. Application of A-C techniques to the study of lithium diffusion in tungsten trioxide thin films[J]. Journal of The Electrochemical Society, 1980, 127(2): 343-350.

[7] CONTRERAS L, IDÍGORAS J, TODINOVA A, et al. Specific cation interactions as the cause of slow dynamics and hysteresis in dye and perovskite solar cells: a small-perturbation study[J]. Physical Chemistry Chemical Physics, 2016, 18(45): 31033-31042.

[8] ZHANG H, QIAO X, SHEN Y, et al. Photovoltaic behaviour of lead methylammonium

triiodide perovskite solar cells down to 80 K[J]. Journal of Materials Chemistry A, 2015, 3 (22): 11762-11767.

[9] ZHANG H, XUE L, HAN J, et al. New generation perovskite solar cells with solution-processed amino-substituted perylene diimide derivative as electron-transport layer[J]. Journal of Materials Chemistry A, 2016, 4(22): 8724-8733.

[10] HOQUE M N F, ISLAM N, ZHU K, et al. Hybrid perovskite phase transition and its ionic, electrical and optical properties[J]. MRS Advances, 2017, 2(53): 3077-3082.

[11] PELLET N, GAO P, GREGORI G, et al. Mixed-organic-cation perovskite photovoltaics for enhanced solar-light harvesting[J]. Angewandte Chemie International Edition, 2014, 53(12): 3151-3157.

[12] POCKETT A, EPERON G E, PELTOLA T, et al. Characterization of planar lead halide perovskite solar cells by impedance spectroscopy, open-circuit Photovoltage decay, and intensity-modulated photovoltage/photocurrent spectroscopy[J]. The Journal of Physical Chemistry C, 2015, 119(7): 3456-3465.

[13] DUALEH A, MOEHL T, TÉTREAULT N, et al. Impedance spectroscopic analysis of lead Iodide perovskite-sensitized solid-state solar cells[J]. ACS Nano, 2014, 8(1): 362-373.

[14] ZOHAR A, KEDEM N, LEVINE I, et al. Impedance spectroscopic indication for solid state electrochemical reaction in (MA)PbI$_3$ films[J]. The Journal of Physical Chemistry Letters, 2016, 7(1): 191-197.

[15] PASCOE A R, DUFFY N W, SCULLY A D, et al. Insights into planar MAPbI$_3$ perovskite solar cells using impedance spectroscopy[J]. The Journal of Physical Chemistry C, 2015, 119(9): 4444-4445.

第 3 章　高压下 $MAPbI_3$ 的电输运和光电性质

3.1　$MAPbI_3$ 的研究背景

近几年,有机-无机卤族钙钛矿因其优越的光电性质成为科学家研究的热点。在这类材料中,$MAPbI_3$ 最具代表性。$MAPbI_3$ 作为钙钛矿太阳能电池的吸收材料,几乎具备了吸收材料的全部优点。$MAPbI_3$ 具有直接带隙,带隙为 1.55 eV。同时,$MAPbI_3$ 具备高吸收系数、较高载流子迁移率、较长电子-空穴的扩散长度、制备简易、价格低廉等特点[1-5]。2009 年 Kojima 等第一次把 $MAPbI_3$ 作为吸收材料应用于固态敏化电池(DSCs),其光电转化效率只有 3.8%。然而到目前为止,以 $MAPbI_3$ 为基础的光电设备的光电转化效率已经超过了 20%[1,3,6-10]。这么高的转化效率可以与商业硅太阳能电池相媲美。正是 $MAPbI_3$ 具有的优异光吸收性质和电输运性质致使其可以成为光吸收材料[4,11-12]。尽管在提高太阳能电池性能方面进展很快,但是其电子和电输运性质的研究还比较少,从而阻碍了更深远地提高以 $MAPbI_3$ 为基础的电子设备的转化效率的提高。

开拓性研究表明,$MAPbI_3$ 在可见光范围内具有较强的吸收性质,而且对极端条件非常敏感,如温度、化学成分、压力。一方面,$MAPbI_3$ 的电子结构和带隙可以被温度调节。在 100~400 K 范围内,随着温度的降低,$MAPbI_3$ 会发生由立方相(大于 327.4 K)—四方相(162.2~327.4 K)—正交相(小于 162.2 K)的转变[13]。另一方面,$MAPbI_3$ 的光吸收和带隙可以通过掺杂卤族元素调节。如 $MAPb(I_xBr_{1-x})_3$、$MAPbI_{3-x}Cl_x$[8,14]。$MAPb(I_xBr_{1-x})_3$ 中,改变 $x(0 \leqslant x \leqslant 1)$ 的值,其带隙发生变化。由图 3.1(a)所示,$MAPb(I_xBr_{1-x})_3$ 纳米复合材料的吸收边可以通过改变 x 的值来调节,其吸收边的范围从 786 nm(1.58 eV)到 544 nm(2.28 eV),从而对有色太阳能电池进行颜色调节。图 3.1(b)为相应的有色 mp-TiO_2/$MAPb(I_xBr_{1-x})_3$ 变化图。通过改变配比,可以改变器件的颜色。$x=0$ 时,器件呈红褐色,$x=1$ 时,器件呈黄色。随着改变 Br 元素的配比,系统的吸收边发生移动,说明带隙可以被调节。图 3.1(c)是带隙随 x 变化的关系拟合图。

由图所示,其变化为非线性变化,变化规律符合等式:
$$E_g(x) = 1.57 + 0.39x + 0.33x^2 \tag{3.1}$$

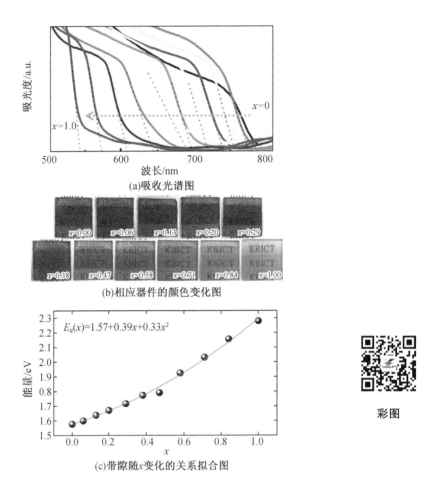

图 3.1　纳米复合材料的吸收边与 x 值的变化关系图

作为重要的"清洁"手段,压力能够有效地改变物质结构、电子结构和性质,而且不会破坏物质的纯度。目前,Zhao 等研究了高压条件下 $MAPbBr_3$ 电学和光学性质,发现压力对 $MAPbBr_3$ 的结构、电输运性质有明显的调制作用。此外,温度对 $MAPbI_3$ 单晶的介电性质和结构的稳定性影响也已经被研究[15]。然而高压下 $MAPbI_3$ 的电输运性质和光学性质研究得很少,从而阻碍了人们对 $MAPbI_3$ 在高压下行为的理解,限制了人们设计以 $MAPbI_3$ 为基础的光电设备器件。通过高压光电流、阻抗谱和 XRD 实验技术,系统研究 $MAPbI_3$ 的电输运和结构性质,能够为研究以 MAPbI$_3$ 为基础的光电设备打开一条新的思路。

3.2 高压下 MAPbI$_3$ 的电输运性质

利用共同沉淀法合成样品,样品为黑色粉末,对样品进行稼射电镜(TEM)和 XRD 表征。TEM 图像通过 FEI MAGELLAN - 400 显微镜获得。图 3.2 为扫描电镜图,图中显示,样品为 MAPbI$_3$ 纳米棒,平均长度为 0.5~0.6 μm,直径为 80~100 nm。

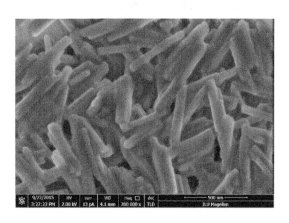

图 3.2　MAPbI$_3$ 纳米棒扫描电镜图

XRD 放射源为 Cu 靶(λ = 1.540 6 Å),图 3.3 为 XRD 图,通过 XRD 表征显示,MAPbI$_3$ 具有四方相结构,空间群为 I4/mcm,晶格常数 a = 8.874 3(4) Å, c = 12.670 8(5) Å,与之前提到的文献吻合得很好[16],说明合成的样品纯度较高,样品密封在黑色样品瓶中,在手套箱内储存。

为了更深入了解 MAPbI$_3$ 的电输运性质和晶界与压力的依赖关系,我们做了高压原位阻抗谱的测量,同时利用交流阻抗谱的数据,能够计算得出 MAPbI$_3$ 的介电常数随压力的依赖关系。图 3.4(a) 和图 3.4(b) 是不同压力下的 Nyquist 图,施加压力从常压至 8.5 GPa,MAPbI$_3$ 的 Nyquist 图中并没有观察到可以清晰地区分代表晶界和晶粒的两个半弧,在 MAPbI$_3$ 的阻抗谱图中,观察不到代表晶界和电极电阻的半弧,这说明晶界电阻和电极电阻(通常为几欧姆)相对于晶粒电阻太小了,以至于在阻抗谱图中只发现了代表晶粒电阻的半弧。这说明在

MAPbI$_3$ 中,晶粒传导在电输运过程中起主导地位。这也解释了为什么在以 MAPbI$_3$ 为基础的光电设备中,MAPbI$_3$ 晶界在电输运过程中的作用可以忽略不计。从常压加压到 0.6 GPa 时,阻抗谱中代表晶粒贡献的半弧的半径随压力的增加而减小,当压力超过 0.6 GPa 时,半弧的半径随压力的增加开始变大,尤其当压力超过 4.4 GPa 时,阻抗谱不再是一个闭合的圆弧。MAPbI$_3$ 的总电阻随压力的依赖关系如 3.4(c) 所示,根据总电阻随压力的变化趋势,可以将压力划分为三个区域 Ⅰ、Ⅱ、Ⅲ。总电阻分别在 0.6 GPa 和 4.4 GPa 发生了不连续变化。另外,利用平行板电极模型测量阻抗谱,通过公式:

$$\varepsilon_r(P) = d/(2\pi R f_0 \varepsilon_0 S) \tag{3.2}$$

式中 d——样品厚度;

S——平行板电极与样品的接触面积;

ε_0——真空介电常数;

R——样品的电阻;

f_0——样品的弛豫频率。

计算了 MAPbI$_3$ 的介电常数随压力的依赖关系。

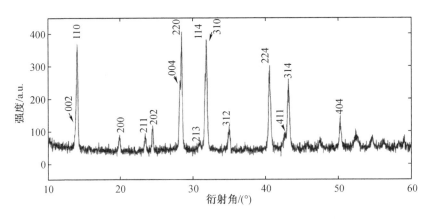

图 3.3 MAPbI$_3$ 常压 XRD 图

图 3.4(d) 和图 3.4(e) 分别代表 MAPbI$_3$ 的介电常数和弛豫频率随压力的变化关系。从图中可以看出,介电常数和弛豫频率随压力的变化关系也可以分为三个区间。介电常数和弛豫频率在 0.6 GPa 和 4.4 GPa 均发生了不连续变化。

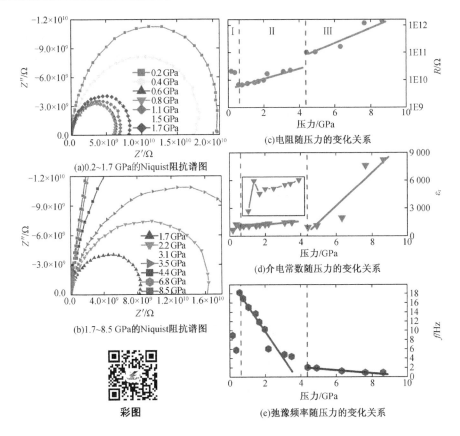

图 3.4 MAPbI$_3$ 的电输运性质和晶界与压力的依赖关系图

3.3 高压下 MAPbI$_3$ 的结构演化

通常情况下,物质电学参数的不连续变化是由物质的结构变化引起的,因此有必要探测高压下 MAPbI$_3$ 的结构变化。图 3.5(a) 表示未经过处理的二维 XRD 图。在加压过程中,一些尖锐的衍射圆环变弱,同时其他的宽峰出现,这说明在加压过程中,样品发生了结构相变,为了方便论述和说明,把初始相称为 I 相,把高压相称为 II 相。当压力超过 11.5 GPa 时,所有的衍射环消失,说明样品已经非晶化。图 3.5(b) 为处理过的一维 XRD 图谱。在常压条件下,MAPbI$_3$ 为四方相结构,具有 I4/mcm 对称性。当加压到 0.7 GPa 时,在 9°和 10.8°的地方出现两个新峰,同时初始相存在的 (211) 峰消失,说明样品发生了 I 相 - II 相的结构相变。经过对Ⅱ相的Rietveld精修,Ⅱ相为正交相结构,精修结果如图3.6所示。在0.5 GPa时表示的是四方相和正交相的混合相。随着缓慢加压,超过0.7 GPa时,衍射峰开始变宽,同时衍射峰向右移动,除此之外,衍射图谱没有明显变化。当所施加的压力超过4.2 GPa时,部分衍射峰开始消失,说明MAPbI$_3$开始部分非晶化,这个压力区间与电学测量的压力区间Ⅲ相对应。当施加的压力超过11.5 GPa时,所有的衍射峰消失,说明MAPbI$_3$完全非晶化。从11.5 GPa卸压到常压时,Ⅰ相的所有衍射峰重新出现,说明MAPbI$_3$非晶化和相变过程是可逆的。但是当施加的压力到达到20.9 GPa,再卸压到常压时,衍射峰并未出现,这说明施加压力到20 GPa以后再卸压,非晶化和相变过程并不可逆。从Ⅰ相-Ⅱ相的结构相变是由PbI$_6$八面体的倾斜和扭曲导致的。其变化如图3.7所示。在11.6 GPa卸压后,样品的非晶化和结构相变可逆是由于PbI$_6$八面体中有机基团很软,具有弹性,同时PbI$_6$八面体并未被破坏。在20.9 GPa卸压后,样品的非晶化和结构相变不可逆,可能是PbI$_6$八面体被破坏导致的。

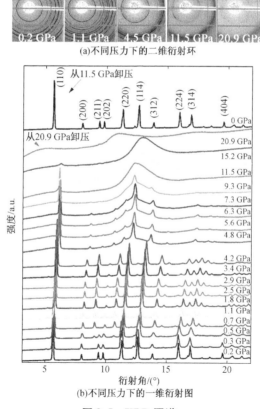

(a) 不同压力下的二维衍射环

(b) 不同压力下的一维衍射图

图3.5 XRD图谱

Wang 等对 MAPbI$_3$ 的体材料进行了 XRD 表征,采用液氩、硅油等作为传压介质,也发现 MAPbI$_3$ 在 0.3 GPa 发生四方相到正交相的转变,但是在加压过程中并没有发现混合相。样品的形貌不同会改变样品在压力下的相变压力点和相变路径。因此有必要用硅油作为传压介质对 MAPbI$_3$ 纳米棒进行高压原位 XRD 表征,如图 3.8 所示。发现在静水压条件下,MAPbI$_3$ 纳米棒与 MAPbI$_3$ 体材料的结构相变路径一致。在整个加压过程中并没有发现混合相。

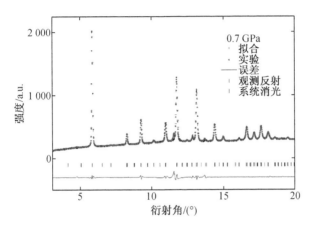

彩图

图 3.6　Ⅱ相的 Rietveld 精修结果

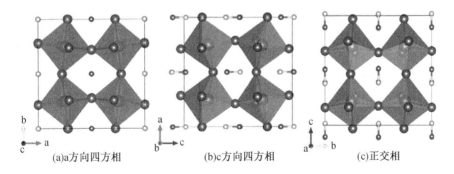

图 3.7　晶格球棒模型

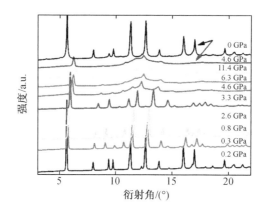

图 3.8　静水压条件不同压力下的一维衍射图

3.4　高压下 MAPbI$_3$ 的光电导

对于光电设备而言,光电流和电学参数是表征其性能的重要数据,尤其对于吸收材料,光电导测量更是不可或缺的表征手法,因此对 MAPbI$_3$ 进行高压原位光电导测量,探究压力对 MAPbI$_3$ 光电流的调制作用尤为重要。在实验过程中用白炽灯(2 W/cm^2)模拟太阳光对样品照射。样品两端施加 $U=5$ V 的恒定电压,随着白炽灯有规律的打开和闭合,得到光电流与压力的依赖关系如图 3.9 所示。当光照射到样品时,电流值迅速增大,当光照关闭时,电流迅速减小到原来状态,这说明 MAPbI$_3$ 具有优异的光电性质。由图 3.9(a)所示,随着压力的增加,在 3 GPa 之前,MAPbI$_3$ 仍然具备良好的光电响应。随着压力增加到 4 GPa 时,MAPbI$_3$ 的光电流开始明显减小,压力超过 5 GPa 时,光电流消失,说明 MAPbI$_3$ 不再具备半导体特性。这种性质说明 MAPbI$_3$ 可以应用到压力开关等领域。

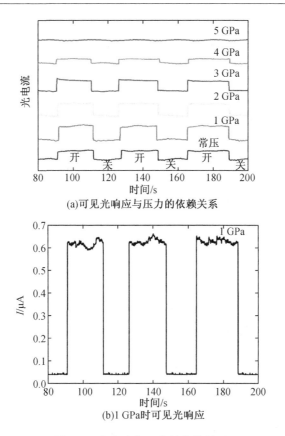

图 3.9 光电流与压力的依赖关系

3.5 高压下 MAPbI₃ 的表面与界面表征

众所周知,对于相同结构但表面和界面不同的材料,尺寸效应和界面效应会改变材料的相变压力点,甚至是相变路径。Wang 等对 MAPbI₃ 体材料做了高压同步辐射实验。他们分别用硅油、液氩、溴化钾作为传压介质,随着压力的增加,都是在 0.3 GPa 发生了结构相变,并没有发现混合相。由于在实验表征过程中使用的 MAPbI₃ 样品是纳米棒材料,因此有必要表征 MAPbI₃ 加压后形貌的变化。然而,目前的手段不能直接进行高压原位的形貌测量。为了间接表征加压后样品的形貌,可以对卸压后的样品进行 TEM 表征。

对于MAPbI₃纳米棒的TEM表征制作了三个待测样品,分别加压到0.3 GPa、0.6 GPa和0.9 GPa之后卸压,对样品进行TEM和高分辨表征图如图3.10所示。在0.3 GPa(图3.10(a))和0.6 GPa(图3.10(b))时,MAPbI₃仍然保持纳米棒特性。当压力达到0.9 GPa时,在图中已经观测不到纳米棒的形态,而是被压成块体(图3.10(c))。由高分辨图像(图3.10(d))所示,在0.9 GPa,一些纳米域呈现短程有序排列。纳米棒被压成任意排列,平均尺寸为10 nm。相对于其他压制纳米化的压力点很高的材料,如 ZnSnO₄(12.5 GPa)、Cu₂O(15 GPa)、Alq₃(11 GPa),0.9 GPa非常小,这意味着MAPbI₃属于很软的材料。但是在0.9 GPa之前,由于MAPbI₃纳米棒的纳米特性,在样品腔中产生了非静水压条件,在MAPbI₃纳米棒没有被压成纳米碎片之前,产生的非静水压足以使其在0.5 GPa存在混合相。

(a)0.3 GPa时MAPbI₃保持纳米棒特性

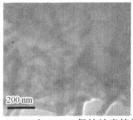
(b)0.6 GPa时MAPbI₃保持纳米棒特性

(c)0.9 GPa时MAPbI₃不再有纳米棒特性

(d)0.9 GPa时高分辨图像

图3.10 样品的TEM和高分辨表征图

在阻抗谱实验中,随着压力增加到0.6 GPa,电阻呈下降趋势,主要有两个原因。第一,MAPbI₃纳米棒装进样品腔时,纳米棒之间存在许多间隙,随着压力的增加,间隙慢慢减少,导致电阻降低。第二,随着压力的增加,MAPbI₃相变之前,其带隙随着压力的增加而减小,导致电阻降低。从0.6 GPa到4.4 GPa,MAPbI₃为正交相结构,在正交相结构中,PbI₆八面体发生倾斜和扭曲,随着压力的增加,这种畸变增强,会抑制有机基团的旋转,导致有机基团与PbI₆八面体的相互作用越来越强,从而导致MAPbI₃的带隙增加。带隙增加是0.6 GPa到4.4 GPa压力区间内电阻增大的原因。当压力超过 4.4 GPa 时，电阻的急剧增大是由 $MAPbI_3$ 的非晶化引起的，同时也解释了为什么压力在 4 GPa 之后光电流减小最后消失。光电流对材料的内部电阻很敏感，虽然从常压增加到 3 GPa 压力时，电阻一直在变化，但是电阻的变化幅度很小，大约为一个数量级，因此在 3 GPa 之前，光电流没有明显变化。同时也说明，$MAPbI_3$ 的两个相对光的吸收效率没有明显的差别。

结合原位高压光电流、阻抗谱和 XRD 等测量手段，本章节系统阐述了高压下 $MAPbI_3$ 的电输运和结构性质，通过加压后卸压的样品透射电镜图，分析了高压下 $MAPbI_3$ 的界面效应，也分析了尺寸效应对相变压力的影响。

实验结果显示，电输运性质（电阻率、弛豫频率、介电常数）在 0.6 GPa 均发生了不连续变化，同时在 0.6 GPa 发生了四方相到正交相的结构相变，这种相变是 PbI_6 八面体的倾斜和扭曲致使在正交相结构下 $MAPbI_3$ 带隙展宽。相对于晶粒效应，晶界和电极的效应非常微弱，因此在 $MAPbI_3$ 电输运过程中，晶粒起主要作用。从卸压后的高分辨率的透射电镜（high resolution transmission electron microscope，HRTEM）表征结果可以说明，$MAPbI_3$ 是一种非常软的材料，但是由于纳米棒的特征，在 0.9 GPa 之前在样品腔中可以产生非静水压条件，致使在 0.5 GPa 时发现了四方相和正交相的混合相。此外，高压原位光电流实验结果表明 $MAPbI_3$ 在非晶化之前，光电流随压力的变化可以忽略，但是非晶化以后，光电流急剧减小最终消失，说明在非晶化之后 $MAPbI_3$ 不再具有半导体特性。通过压力调节 $MAPbI_3$ 的电输运和可见光响应性质的研究，为开发以 $MAPbI_3$ 为基础的光电设备提供了新方法。

参 考 文 献

[1] PARK N G. Organometal perovskite light absorbers toward a 20% efficiency low-cost solid-state mesoscopic solar Cell[J]. Journal of Physical Chemistry Letters, 2013, 4(15): 2423-2429.

[2] KOJIMA A, TESHIMA K, SHIRAI Y, et al. Organometal halide perovskites as visible-light sensitizers for photovoltaic cells[J]. Journal of the American Chemical Society, 2009, 131(17): 6050-6051.

[3] BURSCHKA J, PELLET N, MOON S J, et al. Sequential deposition as a route to high-performance perovskite-sensitized solar cells[J]. Nature, 2013, 499(7458): 316-319.

[4] XING G C, MATHEWS N, SUN S Y, et al. Long-range balanced electron- and hole-transport lengths in organic-inorganic MAPbI$_3$[J]. Science, 2013, 342(6156): 344-347.

[5] LIU M Z, JOHNSTON M B, SNAITH H J. Efficient planar heterojunction perovskite solar cells by vapour deposition[J]. Nature, 2013, 501(7467): 395.

[6] IM J H, LEE C R, LEE J W, et al. 6.5% Efficient perovskite quantum-dot-sensitized solar cell[J]. Nanoscale, 2011, 3(10): 4088-4093.

[7] LEE M M, TEUSCHER J, MIYASAKA T, et al. Efficient hybrid solar cells based on meso-superstructured organometal halide perovskites[J]. Science, 2012, 338(6107): 643-647.

[8] NOH J H, IM S H, HEO J H, et al. Chemical management for colorful, efficient, and stable inorganic-organic hybrid nanostructured solar cells[J]. Nano Letters, 2013, 13(4): 1764-1769.

[9] KIM H S, LEE C R, IM J H, et al. Lead iodide perovskite sensitized all-solid-state submicron thin film mesoscopic solar cell with efficiency exceeding 9%[J]. Scientific Reports, 2012, 2:591.

[10] ETGAR L, GAO P, XUE Z, et al. Mesoscopic MAPbI$_3$/TiO$_2$ heterojunction solar cells[J]. Journal of the American Chemical Society, 2012, 134(42): 17396-17399.

[11] EPERON G E, STRANKS S D, MENELAOU C, et al. Formamidinium lead trihalide: A broadly tunable perovskite for efficient planar heterojunction solar cells[J]. Energy & Environmental Science, 2014, 7(3): 982-988.

[12] STRANKS S D, EPERON G E, GRANCINI G, et al. Electron-hole diffusion lengths exceeding 1 micrometer in an organometal trihalide perovskite absorber[J]. Science, 2013, 342(6156): 341-344.

[13] POGLITSCH A, WEBER D. Dynamic disorder in methylammoniumtrihalogenoplumbates (II) observed by millimeter-wave spectroscopy[J]. The Journal of Chemical Physics, 1987, 87(11): 6373.

[14] COLELLA S, MOSCONI E, FEDELI P, et al. MAPbI$_3$-xClxMixed halide perovskite for hybrid solar cells: The role of chloride as dopant on the transport and structural properties [J]. Chemistry of Materials, 2013, 25(22): 4613-4618.

[15] WANG Y H, LU X J, YANG W G, et al. Pressure-induced phase transformation, reversible amorphization, and anomalous visible light response in organolead bromide perovskite[J]. Journal of the American Chemical Society, 2015, 137(34): 11144-11149.

[16] BAIKIE T, FANG Y, KADRO J M, et al. Synthesis and crystal chemistry of the hybrid perovskite (MA)PbI$_3$ for solid-state sensitised solar cell applications[J]. Journal of Materials Chemistry A, 2013, 1(18): 5628.

第4章 高压下 MAPbBr$_3$ 的电输运和光电性质

4.1 MAPbBr$_3$ 的研究背景

有机金属卤化物钙钛矿由于具有吸收系数大、载流子迁移率高、载流子扩散长度长，以及令人惊喜的高缺陷容忍度等优异的性能[1-9]，已被广泛应用于光伏产业和光电子领域[10-18]，在科学界掀起了一股"钙钛矿热"。近几年来，钙钛矿太阳能电池得到了迅猛的发展，其光电转换效率快速提高，从 2009 年第一次正式报道时的 3.8%[19] 提高到目前的 22.7%[20]。尽管钙钛矿太阳能电池的光电转换效率有了快速提高，但是仍然有个阻碍钙钛矿太阳能电池大规模推广应用的问题没有得到解决，就是钙钛矿太阳能电池的长期稳定性问题。前人研究表明，钙钛矿太阳能电池器件的长期稳定性与有机卤化物钙钛矿中的离子迁移行为有着重要的联系[21-22]。之前的研究证实，在一些无机/有机金属卤化物钙钛矿中确实存在卤素离子迁移行为[23-25]。在 MAPbI$_3$ 中，构成 MAPbI$_3$ 的所有离子均有可能发生迁移，甚至包括氢离子[26]。科研人员通过理论计算和实验的方式，对 MAPbI$_3$ 中的离子迁移行为做了详细又深入的分析研究[22,27-31]。这些研究表明，有机卤化物钙钛矿迁移离子的种类以及离子电导率等离子输运性质容易受到外部条件的影响。改变压力，与改变温度以及材料中不同元素的化学配比相类似，同样能够从根本上调整材料的物理性能。然而，迄今为止，压力如何影响有机卤化物钙钛矿材料的性质仍鲜有报道，压力会诱导出什么样的新性质也是值得期待的，这也促使科学工作者们对有机卤化物钙钛矿材料进行进一步的高压研究。

最近，有机金属卤化物钙钛矿在高压下的各种物理性质得到了深入的研究。Swainson 等发现在 MAPbBr$_3$ 非晶化以前，在 0.9 GPa 存在从立方相（Pm$\bar{3}$m）到立方相（Im$\bar{3}$）的相变[32]。Zhao 等研究了压力达到 34 GPa 时 MAPbBr$_3$ 的结构性质和可见光响应。他们发现,除了在 0.4 GPa 时发生了从 $Pm\bar{3}m$ 到 $Im\bar{3}$ 的相变外,在 1.8 GPa 处还发生了立方相($Im\bar{3}$)向正交相(Pnma)转变的一个新相变,并且在整个测量压力范围内都可以观察到明显的可见光响应[33]。尽管对于有机金属卤化物在高压下的物理性质的研究已经有了很多,然而对高压下有机金属卤化物钙钛矿中的离子迁移行为的研究仍然很少,这使科研人员对有机金属卤化物钙钛矿的电输运性质的物理学本质的认识依然不够清楚。在第 3 章中系统介绍了 $MAPbI_3$ 在高压下的电输运性质,发现在一定压力范围内 $MAPbI_3$ 的光电流的有明显的增加,但在整个压力区间内(常压至 8.5 GPa)$MAPbI_3$ 中并没有检测到明显的离子迁移现象[34]。虽然 $MAPbBr_3$ 和 $MAPbI_3$ 一样同属于有机金属卤化物钙钛矿,但是 $MAPbBr_3$ 中的卤离子半径相较于 $MAPbI_3$ 中的卤离子半径更小,因而离子间的间隙空位也比 $MAPbI_3$ 中的更大,加之离子迁移对晶体的结构、晶体中离子的半径大小、离子的跳跃距离长短和所带电荷量的多少均具有较高的灵敏度[35],所以离子的迁移行为在 $MAPbBr_3$ 中很可能被检测到。在本章中,将对 $MAPbBr_3$ 的离子迁移机制做详细且深入地阐述,从电子和离子角度分析有机金属卤化物钙钛矿中电输运性质的物理机制。

$MAPbBr_3$ 是一种典型的具有立方结构的 AMX_3 型钙钛矿,空间群为 $Pm\bar{3}m$。其中,甲铵基阳离子(MA^+)位于由最近邻的 12 个 Br 离子配位形成的立方八面体的中心位置,Pb 离子则和 6 个 Br 离子形成顶角共用的 $PbBr_6$ 六角八面体,位于立方八面体的顶角位置,如图 4.1 所示。$MAPbBr_3$ 是直接带隙半导体,在常压条件下,它的直接带隙为 2.21 eV,使得它能够很好地吸收可见光[36]。在 Zhao 等的实验中,在 $MAPbBr_3$ 中并未观察到有明显的离子迁移存在,而这与之前的理论计算研究结果不一致[22,27-28]。导致实验结果和计算结果之间存在差异性的具体原因目前仍不清楚。因此,迫切需要详细且深入地研究来阐明其中的基本机制。除此之外,通过以前的研究获知,压力可以增强 $MAPbI_3$[34] 和 $MASnI_3$[37] 中的可见光响应,这对于有机金属卤化物钙钛矿太阳能电池的应用具有非常积极的意义。但是,是否所有的有机金属卤化物钙钛矿都存在这样的规律,还需要从 $MAPbBr_3$ 的光电流测量中寻找答案。

第 4 章　高压下 MAPbBr$_3$ 的电输运和光电性质

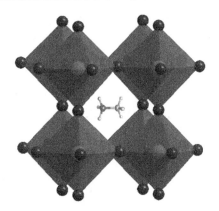

图 4.1　MAPbBr$_3$ 结构示意图

4.2　高压下 MAPbBr$_3$ 的电输运性质

在本实验中使用到的 MAPbBr$_3$ 样品购于西安宝莱特光电科技有限公司,样品的纯度大于 99%,能够满足实验需要,无须进一步提纯。考虑到样品暴露在空气中易氧化变质以及其具有光敏特性,因此将样品放置在充满氮气的手套箱内保存,样品的封装亦是在手套箱中进行。通过 XRD 和扫描电子显微镜(scanning electron microscope,SEM)对 MAPbBr$_3$ 的晶体结构和外观形貌进行表征,如图 4.2 所示。样品的 XRD 图谱中的所有衍射峰的位置与前人的研究结果均十分吻合[36],这也从侧面印证了样品的纯度很高。从 SEM 图像中可以看出,样品多是尺寸为 100~150 μm 的立方体多晶颗粒。

图 4.3 显示了 MAPbBr$_3$ 从常压到 5.6 GPa 的 Nyquist 阻抗谱图。从阻抗谱图中可以很直观地看出,低压力点的阻抗谱图由高频区域的半圆弧和低频区的一条向上的倾斜线组成,这与之前对 MAPbI$_3$ 进行阻抗谱测量时,在阻抗谱图中只能观察到一个半圆弧并不相同[34]。对于典型的离子传导的阻抗谱图,在低频区部分是一条倾角为 45°的直线,这主要归因于离子的长距离扩散[38-39]。然而,在 MAPbBr$_3$ 的阻抗谱图中,低频区部分倾斜的直线有朝向 Z' 轴的轻微弯曲,这是由 MAPbBr$_3$ 内部的电子和离子混合传导以及晶界的作用共同造成的。对于 MAPbBr$_3$ 中的电子和离子的混合传导过程,他们在对阻抗谱图进行拟合的等效电路中是并联的关系,见图 4.4(a)。对比之前对 MAPbI$_3$ 的研究,Nyquist 阻抗谱图

中呈现的半圆弧状图形归因于电荷载流子在高频交流电场中的局部振荡。此外,电极对于通过其中的电子和离子的阻抗并没有被检测到,表明在实验测量的频率范围内,电极对于电子和离子的阻抗作用很小,几乎可以忽略不计[34]。在对阻抗谱图进行拟合分析的过程中,发现晶界也同晶粒一样会影响电子和离子的迁移,并且在等效电路中晶界的作用与晶粒的作用表现为串联的关系,见图4.4(a)。

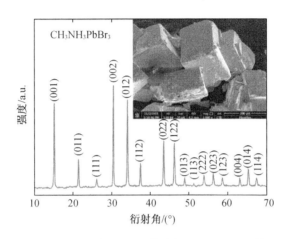

图4.2 常压下 MAPbBr$_3$ 的 XRD 图谱(插图为 MAPbBr$_3$ 的 SEM 图像)

在常压条件下,相较于 MAPbI$_3$,在 MAPbBr$_3$ 中发现了明显的离子扩散过程,这说明,离子在 MAPbBr$_3$ 中更容易发生迁移。对于纯的 MAPbI$_3$ 和 MAPbBr$_3$ 样品,它们中的离子的价态都是相同的,因此,经过仔细分析对比可以认为,迁移的离子的半径大小和离子进行迁移的跳跃距离,是造成 MAPbBr$_3$ 中的离子迁移的原因。根据最近关于 MAPbI$_3$ 中各种离子迁移能力和迁移通道的理论计算可知,I 离子会沿着 PbI$_6$ 八面体的 I—I 边进行迁移,MA 离子会沿着(100)晶面的 <100> 晶向迁移[22],见图4.5。因为与 MAPbI$_3$ 具有相似的结构和对称的空间群,因此在 MAPbBr$_3$ 中亦存在相似的离子的半径迁移通道,加之 Br 离子的半径比 I 离子更小,因此更易沿着离子迁移通道进行迁移。通过对比 MAPbI$_3$ 和 MAPbBr$_3$ 的结构参数可知,在 MAPbBr$_3$ 中的 MA 离子和 Br 离子进行迁移时的跳跃距离相对更短[33-34,40-41]。而更短的跳跃距离,使离子迁移也变得更容易[35,42-43]。此外,Meloni 课题组[44]和 Hwang 课题组[42]在实验和理论上均证实 Br 离子在有机金属卤化物钙钛矿中迁移的势垒比 I 离子要低,这有力地支持了实验猜想和结果。

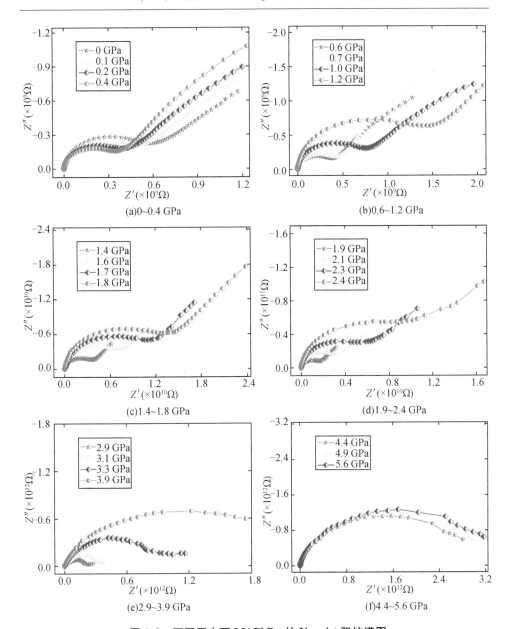

图 4.3 不同压力下 MAPbBr$_3$ 的 Nyquist 阻抗谱图

彩图

通过 MAPbBr$_3$ 的阻抗谱图可以很直观地看出，从常压至 2.4 GPa，阻抗谱图较为完整，且仍能观测到明显的离子迁移行为。在 2.4 GPa 至 3.9 GPa，阻抗谱图虽然还是完整的，但对比 2.4 GPa 之前，离子迁移行为似有所减弱，不再那么明显。当压力高于 3.9 GPa

时,阻抗谱图已经不是很完整,而且观察不到离子的扩散。结合前人的研究[33],MAPbBr$_3$在压力达到 2.4 GPa 时开始非晶化,达到 3.9 GPa 时完全非晶化。因此,整个压力过程可分为 0~2.4 GPa、2.4~3.9 GPa、3.9~5.6 GPa 三段进行分析。在此基础上,为了更好地分析 MAPbBr$_3$ 中的电子和离子的传导过程,利用等效电路对不同压力范围内的 Nyquist 阻抗谱图进行了拟合分析。

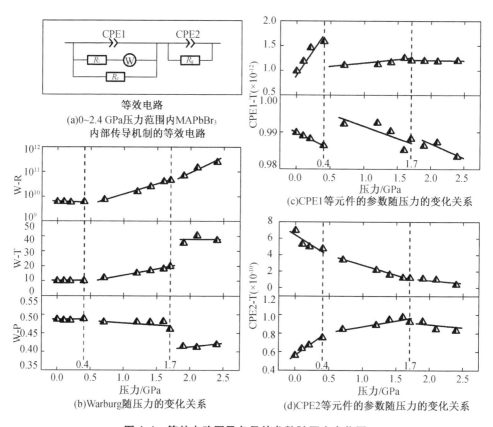

图 4.4 等效电路图及各元件参数随压力变化图

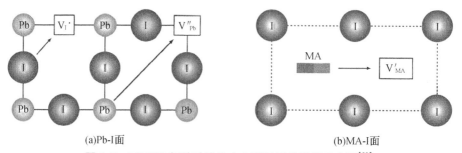

图 4.5 MAPbI$_3$ 钙钛矿结构中各离子迁移通道示意图[22]

MAPbBr$_3$ 在压力低于 2.4 GPa 的内部载流子传导机制可以用图 4.4(a) 中的等效电路来进行描述说明。其中 R_i 和 R_e 分别表示离子和电子在晶粒中传输的转移电阻;而 R_g 则表示的是载流子在晶界间传输的转移电阻;CPE 为常相位角元件,代表载流子充放电过程中所产生的电容效应;W 是 Warburg 阻抗元件,用以描述在低频交流电场的驱动下离子的长距离扩散过程。

此时 MAPbBr$_3$ 的阻抗可以表示为

$$Z = \frac{1}{\dfrac{1}{R_e} + \dfrac{1}{R_i + Z_W} + \dfrac{1}{Z_{Q1}}} + \frac{1}{\dfrac{1}{R_g} + \dfrac{1}{Z_{Q2}}} \tag{4.1}$$

式中 Z_W——Warburg 等效元件的阻抗,$Z_W = \sigma_W \omega^{-\frac{1}{2}}(1-j)\coth\left[\delta\left(\dfrac{j\omega}{D}\right)^{\frac{1}{2}}\right]$($\sigma_W$ 为 Warburg 系数,ω 多角频率,D 为离子扩散系数,δ 为离子扩散的平均长度);

Z_Q——CPE 等效元件的阻抗,$Z_Q = \sigma_Q(j\omega)^{-n}$($\sigma_Q$ 为 CPE 系数)。

通过对不同压力下的阻抗谱进行拟合,可以得到 R_i、R_e 和 R_g 等具体数值,R_b 表示晶粒电阻,用以表征离子和电子在 MAPbBr$_3$ 内部迁移的总的困难程度,也就是总的电阻,其数值可以用公式 4.2 求得

$$R_b = \frac{R_i R_e}{R_i + R_e} \tag{4.2}$$

由上述拟合的结果可以得到 2.4 GPa 以下 R_g 随压力的变化关系,如图 4.6 所示。当压力超过 2.4 GPa 时,MAPbBr$_3$ 的结构逐渐开始变得无序,且开始非晶化,因此不再考虑晶界的作用,这时电路中的晶粒电阻就代表 MAPbBr$_3$ 的总电阻,其内部载流子传导机制可以用图 4.7(a) 中的等效电路来进行拟合。这时晶粒电阻仍可用公式 4.2 来表达,但因为不再考虑晶界电阻的影响,故而此时 MAPbBr$_3$ 阻抗应表示为

$$Z = \frac{1}{\dfrac{1}{R_e} + \dfrac{1}{R_i + Z_W} + \dfrac{1}{Z_Q}} \tag{4.3}$$

当压力超过 3.9 GPa 时,拟合得出的 R_i 数值非常大,表明离子在 MAPbBr$_3$ 中的传输已经变得十分困难,可以忽略不计。这时的 R_b 就等于 R_e,即电子传导是 MAPbBr$_3$ 中的主要传导过程。此时,MAPbBr$_3$ 中的传导机制需要用图 4.8(a) 中的等效电路来进行拟合。

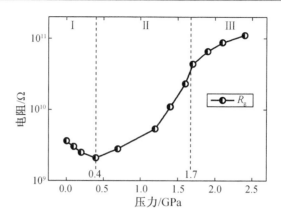

图4.6 2.4 GPa 以下 MAPbBr$_3$ 内晶界电阻 R_g 随压力的变化关系图

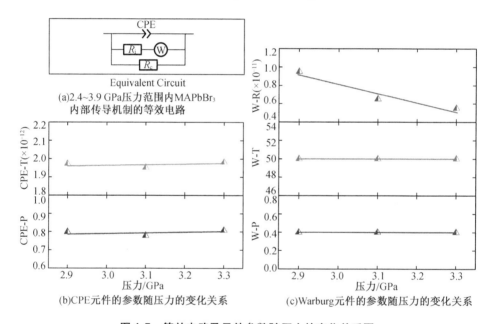

图4.7 等效电路及元件参数随压力的变化关系图

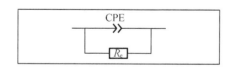

(a)3.9 GPa 以上 MAPbBr$_3$ 内部传导机制的等效电路

图4.8 等效电路及元件参数随压力的变化关系图

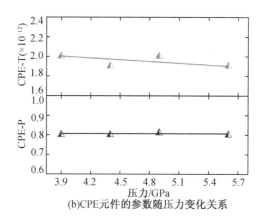

(b)CPE元件的参数随压力变化关系

图 **4.8**(续)

此时 MAPbBr$_3$ 阻抗可以表示为

$$Z = \frac{1}{\frac{1}{R_e} + \frac{1}{Z_Q}} \tag{4.4}$$

选择 1.0 GPa 时的阻抗谱图作为例子，证明拟合的结果是否合理和正确，进而分析 MAPbBr$_3$ 中的电子和离子的迁移过程，如图 4.9(a)所示。通过拟合不同压力下的阻抗谱图(图 4.5、图 4.7 和图 4.8)，得到了 R_i、R_e、R_g 以及 R_b 与压力的依赖性关系，如图 4.9(b)和图 4.6 所示。在分析高压下 MAPbBr$_3$ 的电阻变化时，参考了前人对于 MAPbBr$_3$ 的高压结构相变的研究结果。从图 4.8(b)中可以看到，R_i、R_e 和 R_b 随压力的变化曲线在 0.4 GPa 和 1.7 GPa 处出现了不连续变化，这是由 MAPbBr$_3$ 从相Ⅰ(立方相 Pm−3m)到相Ⅱ(立方相 Im−3)，再到相Ⅲ(正交相 Pnma)的相变所造成的[33]。同样的，图 4.5(b)、图 4.5(c)和图 4.5(d)中 CPE 和 Warburg 元件的拟合参数值随压力的变化关系在 0.4 GPa 和 1.7 GPa 处出现的不连续的变化，也应是由相变引起的。

如图 4.9(b)所示，从常压至 2.4 GPa，在 MAPbBr$_3$ 内部的电输运过程为电子和离子混合传导，但是电子电阻 R_e 总是要比离子电阻 R_i 大两个或三个数量级，而晶粒电阻 R_b 几乎等于 R_i，这说明，在这个压力范围内，离子在 MAPbBr$_3$ 内部的传导是主要的传导过程。类似的，晶粒电阻 R_b(图 4.9(b))总是比晶界电阻 R_g(图 4.6)小大约一个数量级，这说明在 MAPbBr$_3$ 中，离子和电子在晶粒中传导相较在晶粒中的传导更容易些。而且由于离子在晶界处的扩散长度较短，使得晶界中离子和电子的贡献难以明确区分。但这里需要注意的是，晶界电阻也应该是包含离子和电子电阻的成分，且变化过程和引起变化的原因也和晶粒中的相同，故而在此主要分析晶粒中的混合传导过程，而对晶界中的混合传导过程不再做详细讨论。

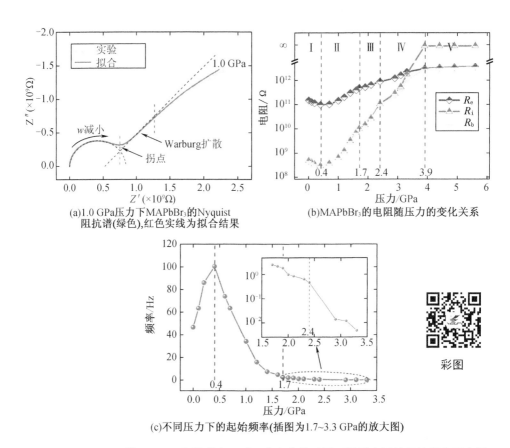

图4.9 MAPbBr$_3$ 的 Nyquist 阻抗谱电阻随压力变化关系及不同压力下的起始频率示意图

对于电子电阻 R_e 而言,随着压力的增加,Ⅰ相电阻逐渐减小,而Ⅱ相和Ⅲ相电阻逐渐增大,这一现象主要是由于压力所导致 MAPbBr$_3$ 的带隙先变窄后逐渐变宽造成的[33,45]。相较电子电阻 R_e,离子电阻 R_i 的变化原因则相对复杂。根据之前的研究可知,MAPbBr$_3$ 从Ⅰ相到Ⅱ相的相变,主要是因为 PbBr$_6$ 六角八面体的收缩,且仍保持立方结构,但晶格参数从 $\sqrt{2}a$ 变为 a[33],表明在相Ⅰ阶段,随着压力的增加,离子传输时的跳跃距离减小,而跳跃距离越短,离子迁移就越容易。因此,对于离子传导过程,在相Ⅰ阶段,离子电阻 R_i 随压力的增加而逐渐减小。虽然压力的增加会使离子进行迁移时跳跃距离变短,但是也会使 MAPbBr$_3$ 结构中的间隙位置逐渐变小,进而导致离子迁移的通道逐渐闭合,使离子迁移变得困难,最终导致Ⅱ相和Ⅲ相阶段离子电阻的增加。在压力低于 2.4 GPa 范围内,无论是电子电阻还是离子电阻,变化趋势基本相同,虽然是电子和离子混合传导,但是离子传导一直居于主导地位。直至压力超过 2.4 GPa 时,MAPbBr$_3$ 的晶体结构开始变得无序,且出现非晶化,离子电阻和电子电阻都在持续增大,但前者的增大速度明显高于后者,表明在这一过程中,离子传导和电子传导的主次地位正逐渐转变。最终,在 3.3 GPa 附近,转变为电子传导占据主导地位,此时由于 MAPbBr$_3$ 内部非晶化的部分越来越多,离子的迁移已变得十分困难。当压力超过 3.3 GPa 时,离子电阻 R_i 的拟合结果变得非常大,压力到达 3.9 GPa 时,MAPbBr$_3$ 非晶化基本完成,此时晶粒电阻 R_b 等于电子电阻 R_e,表明离子传导可以忽略不计,而电子传导是 MAPbBr$_3$ 中唯一的传导过程。从 MAPbBr$_3$ 的 Nyquist 阻抗谱图中(图 4.3)也可以看出,代表离子迁移的典型特征——向上倾斜的直线,从 2.4 GPa 以后就逐渐消失,到最后只能检测到代表电子传导过程的半圆弧。自此,可以得到一个结论:压力可以调控 MAPbBr$_3$ 中的离子和电子的混合传导过程。

实际上,在对 MAPbBr$_3$ 的离子迁移过程进行分析的时候发现,还存在另一个隐藏的参数可以用来反映离子的扩散速度,即离子在交流电场信号影响下开始长距离扩散时的起始频率。在 Nyquist 阻抗谱图中,表示为连接高频区的半圆弧和低频区倾斜的直线的拐点,如图 4.8(a)所示。从起始频率的定义上可以看出,起始频率越高,说明离子对交流电场的信号响应的越早,离子的扩散也就越早,也可以说离子迁移得越快。从常压至 3.3 GPa 范围内起始频率随压力的变化关系如图 4.8(c)所示。当压力低于 0.4 GPa 时,起始频率随着压力的增加而增加,表明压力增强了 MAPbBr$_3$ 中的离子迁移;而当压力高于 0.4 GPa 时,起始频率随压力的升高而降低,这表明压力抑制了 MAPbBr$_3$ 中的离子扩散。

4.3　高压下 MAPbBr$_3$ 的光电导

作为一种性能优异的光吸收材料,MAPbBr$_3$ 也经常被用于制造光伏器件。而对于光伏器件而言,光电性质如何,可以通过其光电流和电学参数来反映。通过高压阻抗谱研究,发现压力会使 MAPbBr$_3$ 的电输运性质发生巨大的变化。那么压力对于 MAPbBr$_3$ 这种材料对可见光的响应会带来什么样的影响自然就成为我们关注的另一个问题。因此,对 MAPbBr$_3$ 进行了高压原位光电流的测量。使用 3A 级太阳光模拟器提供的 AM1.5 模拟太阳光作为照射光源,然后对样品施加恒定的 5 V 直流电压。光照被设置为有规律地闭合,打开和闭合的时间间隔为 40 s。MAPbBr$_3$ 的光电流随压力的变化关系如图 4.10 所示。

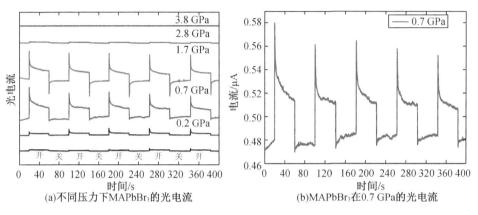

图 4.10　不同情况下的光电流随压力的变化关系

如图 4.10(a) 所示,当光照打开和闭合时,可以看出在 0.2~2.0 GPa 的压力范围内,MAPbBr$_3$ 对光照有明显的响应。从图中可以看出,MAPbBr$_3$ 对可见光的响应而产生的光电流先增大后减小,说明 MAPbBr$_3$ 的光电性质容易受到压力的影响。从 MAPbBr$_3$ 的高压结构和高压原位阻抗谱研究中可知,MAPbBr$_3$ 的第二相大约存于 0.4~1.7 GPa 的压力范围内。从图 4.10(a) 中可以看出,MAPbBr$_3$ 在第二相对可见光的响应明显优于其他相,表明压力可以改善 MAPbBr$_3$ 的光伏特性。这也为制造以 MAPbBr$_3$ 为基础的光伏器件提供了新的思路。

当压力超过 3.0 GPa 时,MAPbBr$_3$ 的光电流已经很难被检测到,这是由于样品的完全非晶化、晶格变得无序导致的。这一结果与之前对 MAPbI$_3$ 的光电流测量结果相类似[34]。图 4.10(b) 显示的是 0.7 GPa 处 MAPbBr$_3$ 对可见光的响应最为明显。图中显示的电流为总电流,是暗电流和光电流的总和。当光照开启或关闭时,可以看到光电流急剧增加或减少,由此反映出了 MAPbBr$_3$ 具有十分良好的光响应性。随着光源的开启,大量的光生电子和空穴瞬间出现,导致光电流急剧增加,然后光生载流子在外部电场作用下迁移。光照未开启时,在 5 V 的外加电场的作用下,MAPbBr$_3$ 中移动的离子已经迁移到样品和电极的接触处形成了一个稳定的、与外部电场相反但已达到平衡的内建电场,对光生载流子的迁移并不会带来什么影响。尽管在光照射下产生了大量电子和空穴,但 MAPbBr$_3$ 样品中载流子的复合也会立即发生,导致光电流突然下降。因此就出现了如图 4.10(b) 中的尖锐的峰。最后,光照产生载流子的过程与载流子的复合过程达到了动态平衡,电流也就逐渐趋于平稳。此外,造成光电流逐渐下降的另一个原因与电荷极化所引起的晶格畸变有关。由于大量的光生载流子被注入样品中,位于导带中的电子和价带中的空穴会造成电荷极化增强,从而使得样品内部呈现一定极性[46]。然而,在高极性晶体中,电子由于电子-声子耦合作用而被固定,形成一种"自稳态"。自稳态电子电荷会"拖动"晶格发生畸变[47],而电子在已经发生畸变的晶格中传输会变得困难,因此样品电阻随着畸变而略有增加,也就使得电流逐渐减小。当光源关闭时,光生载流子会立即发生猝灭,从而使光电流突然减小。但是扭曲的晶格需要相对较长的时间才能恢复到原来的状态,相应地导致光电流也会适度的增大。

在前面已经提到,Zhao 的课题组对 $MAPbBr_3$ 的高压下的结构和带隙进行了研究。此外他们还对 $MAPbBr_3$ 的电阻和光电流进行了测量,如图 4.11 所示。与 Zhao 等的实验结果相比[33],本章节所讨论的测量结果有以下不同。在本章节提到的实验中,测量得到的 $MAPbBr_3$ 的电阻值要比 Zhao 等的测量结果高出约 5 个数量级。此外,当压力超过 3.8 GPa 时,$MAPbBr_3$ 中没有检测到明显的光响应。然而,在 Zhao 的研究中,当压力达到 30 GPa 时,仍可观察到明显的光响应。造成这些差异的原因有三种:(1) 由于样品的合成方法不同,导致两个样品的纯度不同;(2) 两个样品中的缺陷态密度也不相同;(3) 由于实验测量时测量电压大小、电极间距离以及电极连接方式等的不同,导致实验测量过程中,$MAPbBr_3$ 内部的导电机制也不尽相同,即用于光电流测量的 $I-V$ 区域是不同的。

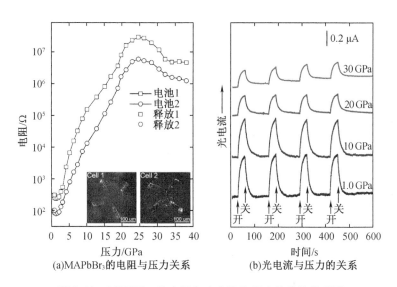

(a) $MAPbBr_3$ 的电阻与压力关系   (b) 光电流与压力的关系

图 4.11 $MAPbBr_3$ 的电阻与光电流和压力的依赖关系图

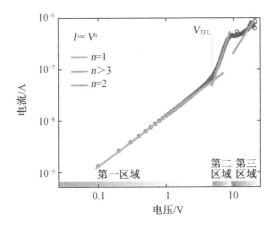

图 4.12 MAPbBr$_3$ 的 $I-V$ 曲线测试中的三个不同区域[36]

Shi 等对 MAPbBr$_3$ 晶体的 $I-V$ 曲线测量中,随着测试电压的升高,发现存在三种不同的区域(如图 4.12),这也代表着三种不同的导电机制:第一个区域(Ohmic regime)是在低电压区,具备简单的欧姆特性,此时 $I\propto V^n(n>3)$;位于中间电压区的第二个区域(trap-filled limit regime,TFL)内,电流表现出非线性的快速上升,此时 $I\propto V^n(n>3)$,在此过程中,MAPbBr$_3$ 中的所有可用的陷阱都会被注入的载流子所填充;第三个区域(trap-free child's regime)位于高电压区域,在这个区域内电流与电压的二次方存在依赖性关系,即 $I\propto V^2$ [36]。在实验过程中,样品两边施加的电压加载为恒定的 5 V 直流(DC)电压,根据实验得出的 MAPbBr$_3$ 的电阻量级可以确定在测量过程 MAPbBr$_3$ 的电输运过程处于第一区域内,此时电流和电压是呈线性的欧姆关系。相比之下,Zhao 等的测量过程很大可能是存在于第三区域内,此时电流与电压具有二次方的依赖关系,因此电阻就可能很小。而且,我们认为第三个原因是解释 Zhao 等的研究和本章节中实验结果之间差异的最重要的原因。因为光电流的测量过程处于第三个区域,电阻很小,故而在压力高达 30 GPa 时,仍可以观察到明显的光响应。并且在 Zhao 等的实验中电子传导是主要的传导过程。这是因为在第三个区域内的较强的电场作用下可以促使更多的电子参与传导,并且电阻足够小。因为电子电阻和离子电阻属于并联关系,因此总电阻往往由较小的电阻来决定,也就是说因为电子传导占主导作用,电子电阻足够小,使原本就不明显的离子传导过程被电子传导过程所掩盖。

利用 XRD 和 SEM 的手段对 MAPbBr$_3$ 样品进行了表征,对样品的外观形貌有了直观的了解。结合高压原位交流阻抗谱,对高压下 MAPbBr$_3$ 的电输运性质做了深入的研究。

实验结果显示,在 MAPbBr$_3$ 中为电子或离子混合传导。通过对阻抗谱进行拟合,电子和离子对传导过程的贡献以电阻的形式进行了量化。从常压至 2.4 GPa,电子电阻和离子电阻均先减小后增大,离子电阻总是要比电子电阻小两到三个数量级,说明在这个压力范围内离子导电占主导地位。此外,电学参数(电阻、起始频率以及拟合元件参数)随压力的变化在 0.4 GPa 和 1.7 GPa 处发现了拐点,这与 MAPbBr$_3$ 高压下的相变行为有关。无论是离子或者电子导电,压力的变化都会对它们在 MAPbBr$_3$ 中的传导造成影响。对于电子导电,电阻值的减小和增加是由于压力导致的带隙先变窄后变宽造成的。对于离子电阻,电阻值的减小是由于压力的增加使离子的跳跃传输距离变短造成的,在第一次相变后,虽然压力的增加会使传输距离变短,但是此时晶格压缩,使离子传输的通道逐渐闭合,离子传输逐渐变得困难,进而导致了电阻值的增加。当压力超过 2.4 GPa,MAPbBr$_3$ 开始非晶化,此时无论是电子还是离子的传输都变得困难,但是由于非晶化后晶格结构逐渐破坏,所以对离子的传输带来的影响更大,以至于当压力超过 3.3 GPa 后,离子的传输几乎可以忽略,此时电子导电占主导地位。交流阻抗谱测量表明压力可以调控 MAPbBr$_3$ 中的电子和离子的传导过程。

通过高压原位光电导测量发现,MAPbBr$_3$ 在第二相的光响应明显优于其他相,说明可以通过压力的手段来改善这一材料的光电性能。然后,对开光和闭光时光电流发生变化的原因进行了深入的分析。此外,通过和 Zhao 的课题组对于 MAPbBr$_3$ 的高压研究结果进行对比,对其中电阻值和光电流测量结果的不同进行了讨论分析,并给出了合理的解释。

参 考 文 献

[1] BI D Q, TRESS W, DAR M I, et al. Efficient luminescent solar cells based on tailored mixed-cation perovskites[J]. Science Advances, 2016, 2(1): e1501170.

[2] DANG Y Y, ZHOU Y A, LIU X L, et al. Formation of hybrid perovskite tin Iodide single crystals by top-seeded solution growth[J]. Angewandte Chemie - International Edition, 2016, 55(10): 3447-3450.

[3] KIM H S, LEE C R, IM J H, et al. Lead Iodide perovskite sensitized all-solid-state submicron thin film mesoscopic solar cell with efficiency exceeding 9%[J]. Scientific

Reports, 2012, 2: 591.

[4] LI W Z, ZHANG W, VAN REENEN S, et al. Enhanced UV – light stability of planar heterojunction perovskite solar cells with caesium bromide interface modification[J]. Energy & Environmental Science, 2016, 9(2): 490 – 498.

[5] LIU Y C, YANG Z, CUI D, et al. Two – inch – sized perovskite $MAPbX_3$ (X = Cl, Br, I) crystals: growth and characterization[J]. Advanced Materials, 2015, 27(35): 5176 – 5183.

[6] STRANKS S D, EPERON G E, GRANCINI G, et al. Electron – hole diffusion lengths exceeding 1 micrometer in an organometal trihalide perovskite absorber[J]. Science, 2013, 342(6156): 341 – 344.

[7] YANG D, YANG Z, QIN W, et al. Alternating precursor layer deposition for highly stable perovskite films towards efficient solar cells using vacuum deposition[J]. Journal of Materials Chemistry A, 2015, 3(18): 9401 – 9405.

[8] YI C Y, LUO J S, MELONI S, et al. Entropic stabilization of mixed A – cation ABX(3) metal halide perovskites for high performance perovskite solar cells [J]. Energy & Environmental Science, 2016, 9(2): 656 – 662.

[9] GREEN M A, HO – BAILLIE A, SNAITH H J. The Emergence of perovskite solar cells[J]. Nature Photonics, 2014, 8(7): 506 – 514.

[10] CHUNG I, LEE B, HE J Q, et al. All – solid – state dye – sensitized solar cells with high efficiency[J]. Nature, 2012, 485(7399): 486 – 489.

[11] DENG Y H, PENG E, SHAO Y C, et al. Scalable fabrication of efficient organolead trihalide perovskite solar cells with doctor – bladed active layers [J]. Energy & Environmental Science, 2015, 8(5): 1544 – 1550.

[12] DESCHLER F, PRICE M, PATHAK S, et al. High photoluminescence efficiency and optically pumped lasing in solution – processed mixed halide perovskite semiconductors[J]. Journal of Physical Chemistry Letters, 2014, 5(8): 1421 – 1426.

[13] HAO F, STOUMPOS C C, CAO D H, et al. Lead – free solid – state organic – inorganic halide perovskite solar cells[J]. Nature Photonics, 2014, 8(6): 489 – 494.

[14] KAZIM S, NAZEERUDDIN M K, GRATZEL M, et al. Perovskite as light harvester: a game changer in photovoltaics[J]. Angewandte Chemie – International Edition, 2014, 53(11): 2812 – 2824.

[15] KIM Y H, CHO H, HEO J H, et al. Multicolored organic/inorganic hybrid perovskite light – emitting diodes[J]. Advanced Materials, 2015, 27(7): 1248 – 1254.

[16] TAN Z K, MOGHADDAM R S, LAI M L, et al. Bright light – emitting diodes based on organometal halide perovskite[J]. Nature Nanotechnology, 2014, 9(9): 687 – 692.

[17] XIAO Z G, WANG D, DONG Q F, et al. Unraveling the hidden function of a stabilizer in a precursor in Improving hybrid perovskite film morphology for high efficiency solar cells[J].

Energy & Environmental Science, 2016, 9(3): 867 - 872.

[18] XING G C, MATHEWS N, LIM S S, et al. Low - temperature solution - processed wavelength - tunable perovskites for lasing[J]. Nature Materials, 2014, 13(5): 476 - 480.

[19] KOJIMA A, TESHIMA K, SHIRAI Y, et al. Organometal halide perovskites as visible - light sensitizers for photovoltaic cells[J]. Journal of the American Chemical Society, 2009, 131(17): 6050 - 6051.

[20] YIN W J, YANG J H, KANG J, et al. Halide perovskite materials for solar cells: a theoretical review[J]. Journal of Materials Chemistry A, 2015, 3(17): 8926 - 8942.

[21] BAG M, RENNA L A, ADHIKARI R Y, et al. Kinetics of ion transport in pperovskite active layers and its implications for active layer stability[J]. Journal of the American Chemical Society, 2015, 137(40): 13130 - 13137.

[22] EAMES C, FROST J M, BARNES P R F, et al. Ionic transport in hybrid lead iodide perovskite solar cells[J]. Nature Communications, 2015, 6: 7497.

[23] YAMADA K, ISOBE K, TSUYAMA E, et al. Chloride ion conductor $MAGeCl_3$ studied by rietveld analysis of X - ray diffraction and 35Cl NMR[J]. solid state ionics, 1995, 79: 152 - 157.

[24] JUNICHIRO MIZUSAKI K A, KAZUO FUEKI. Ionic conduction of the perovskite - type halides[J]. Solid State Ionics, 1983, 11(3): 203 - 211.

[25] YAMADA K, KURANAGA Y, UEDA K, et al. Phase transition and electric conductivity of $ASnCl_3$(A = Cs and MA)[J]. Bulletin of the Chemical Society of Japan, 1998, 71(1): 127 - 134.

[26] EGGER D A, KRONIK L, RAPPE A M. Theory of hydrogen migration in organic - inorganic halide perovskites[J]. Angewandte Chemie(International Ed. In English), 2015, 54(42): 12437 - 12441.

[27] AZPIROZ J M, MOSCONI E, BISQUERT J, et al. Defect migration in methylammonium lead iodide and its role in perovskite solar cell operation[J]. Energy & Environmental Science, 2015, 8(7): 2118 - 2127.

[28] HARUYAMA J, SODEYAMA K, HAN L Y, et al. First - principles study of ion diffusion in perovskite solar cell sensitizers[J]. Journal of the American Chemical Society, 2015, 137(32): 10048 - 10051.

[29] YUAN Y B, CHAE J, SHAO Y C, et al. Photovoltaic switching mechanism in lateral structure hybrid perovskite solar cells[J]. Advanced Energy Materials, 2015, 5(15): 1500615.

[30] YUAN Y, WANG Q, SHAO Y, et al. Electric - field - driven reversible conversion between methylammonium lead triiodide perovskites and lead iodide at elevated temperatures[J]. Advanced Energy Materials, 2016, 6(2): 1501803.

[31] YANG T Y, GREGORI G, PELLET N, et al. The significance of ion conduction in a hybrid organic – inorganic lead – iodide – based perovskite photosensitizer[J]. Angewandte Chemie – International Edition, 2015, 54(27): 7905 – 7910.

[32] SWAINSON I P, TUCKER M G, WILSON D J, et al. Pressure response of an organic – inorganic perovskite: methylammonium lead bromide[J]. Chemistry of Materials, 2007, 19(10): 2401 – 2405.

[33] WANG Y H, LU X J, YANG W G, et al. Pressure – induced phase transformation, reversible amorphization, and anomalous visible light response in organolead bromide perovskite[J]. Journal of the American Chemical Society, 2015, 137(34): 11144 – 11149.

[34] OU T J, YAN J J, XIAO C H, et al. Visible light response, electrical transport, and amorphization in compressed organolead iodine perovskites[J]. Nanoscale, 2016, 8(22): 11426 – 11431.

[35] YUAN Y B, HUANG J S. Ion migration in organometal trihalide perovskite and its impact on photovoltaic efficiency and stability[J]. Accounts of Chemical Research, 2016, 49(2): 286 – 293.

[36] SHI D, ADINOLFI V, COMIN R, et al. Low trap – state density and long carrier diffusion in organolead trihalide perovskite single crystals[J]. Science, 2015, 347(6221): 519 – 522.

[37] LU X J, WANG Y G, STOUMPOS C C, et al. Enhanced structural stability and photo responsiveness of $MASnI_3$ perovskite via pressure – induced amorphization and recrystallization[J]. Advanced Materials, 2016, 28(39): 8663 – 8668.

[38] BONANOS N, ELLIS B, KNIGHT K S, et al. Ionic conductivity of gadolinium – doped barium cerate perovskites[J]. Solid State Ionics, 1989, 35(1 – 2): 179 – 188.

[39] BOHNKE O, BOHNKE C, FOURQUET J L. Mechanism of ionic conduction and electrochemical intercalation of lithium into the perovskite lanthanum lithium titanate[J]. Solid State Ionics, 1996, 91(1 – 2): 21 – 31.

[40] BAIKIE T, FANG Y N, KADRO J M, et al. Synthesis and crystal chemistry of the hybrid perovskite (MA) PbI_3 for solid – state sensitised solar cell applications[J]. Journal of Materials Chemistry A, 2013, 1(18): 5628 – 5641.

[41] JAFFE A, LIN Y, BEAVERS C M, et al. High – pressure single – crystal structures of 3D lead – halide hybrid perovskites and pressure effects on their electronic and optical properties [J]. ACS Central Science, 2016, 2(4): 201 – 209.

[42] HWANG B, GU C, LEE D, et al. Effect of halide – mixing on the switching behaviors of organic – inorganic hybrid perovskite memory[J]. Scientific Reports, 2017, 7: 43794.

[43] SHAO Y C, FANG Y J, LI T, et al. Grain boundary dominated ion migration in polycrystalline organic – inorganic halide perovskite films[J]. Energy & Environmental Science, 2016, 9(5): 1752 – 1759.

[44] MELONI S, MOEHL T, TRESS W, et al. Ionic polarization – induced current – voltage hysteresis in MAPbX$_3$ perovskite solar cells[J]. Nature Communications, 2016, 7: 10334.

[45] KONG L, LIU G, GONG J, et al. Simultaneous band – gap narrowing and carrier – lifetime prolongation of organic – inorganic trihalide perovskites[J]. Proceedings of the National Academy of Sciences of the United States of America, 2016, 113(32): 8910 – 8915.

[46] SELIG O, SADHANALA A, MULLER C, et al. Organic cation rotation and immobilization in pure and mixed methylammonium lead – halide perovskites[J]. Journal of the American Chemical Society, 2017, 139(11): 4068 – 4074.

[47] JUAREZ – PEREZ E J, SANCHEZ R S, BADIA L, et al. Photoinduced giant dielectric constant in lead halide perovskite solar cells[J]. Journal of Physical Chemistry Letters, 2014, 5(13): 2390 – 2394.

第 5 章 高压下 FAPbBr$_3$ 的电输运和光电性质

5.1 FAPbBr$_3$ 的研究背景

近几年,HOIP 电池在太阳能电池领域引起了广泛关注,在不到 10 年的时间里其光电转化效率由最初的 3.8% 提升到 22.7%[1-5]。HOIP 材料具有非常优异性质以满足其应用需求如双极性电荷传输[6-7]、光学带隙适中[8]、强吸收系数[9]、和低的载流子复合率[6]。HOIP 材料不仅仅只应用于电池当中,在其他光伏技术中如 LED[10]、激光[11]、光电子[12]、和光探测器[13]领域均有应用。

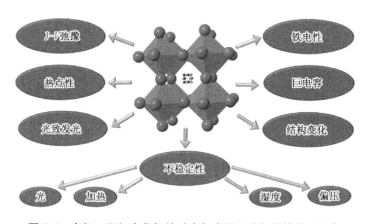

图 5.1 有机-无机杂化钙钛矿中与离子迁移相关的物理现象

在最近的报道中,在 HOIP 材料发现了很多奇异的物理现象。光强度从黑暗条件增加到 1 光流明,在低频区域(小于 1 Hz)发现了巨介电常数和大电容的特征[14]。在低频区域或中频区域发现了电感[15-19]或负电容[20-21]的特征。在很多研究工作当中,科学家们做了很大努力去探究 HOIP 材料相转变、光学性质以及电学性质。研究发现 HOIP 材料中的离子传导是引起巨介电常数、大电容和电感等奇异物理现象的重要原因[22-23]。虽然 HOIP 材料具有优异的性质和广泛的应用,但是引起巨介电常数、大电容和电感等奇异物理现象的内在原因仍然具有争议,不能明确给出定论。这将阻碍 HOIP - 光伏器件效率的进一步提升。离子迁移现象在 HOIPs 光伏器件中引起的其他相关物理现象如图 5.1 所示。由于离子迁移对 HOIPs 器件的影响很大,因此需要深入研究。

基于金刚石对顶砧(DAC)技术,HOIP 材料的结构性质、光学性质以及电学性质被广泛研究以寻求 HOIP 材料优异的光伏性质和理解结构 - 性质 - 性能之间的关系。通过压力的手段已经得到很多优异的性质如带隙优化、载流子寿命增长、和光电响应增强等[24-32]。在结构 - 性质 - 性能之间的关系研究当中发现,HOIP 材料中的离子迁移对提升 HOIP - 光伏器件效率和稳定性起非常重要的作用,并且离子迁移是出现迟滞效应的主要原因。然而,到目前为止,结构 - 离子 - 电感之间的内在联系还没有被报道,对内部机制的理解还不够深刻,因此需要进一步研究。

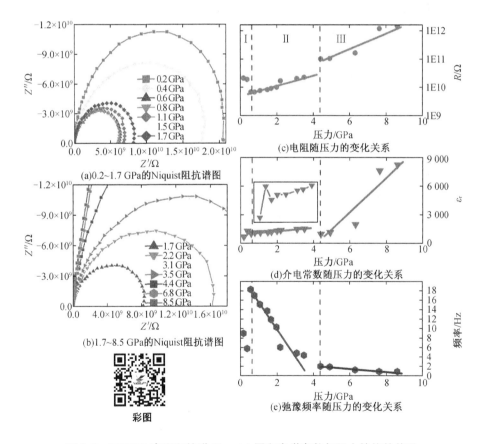

彩图

图 5.2 MAPbI$_3$ 高压阻抗谱 Nyquist 图和电学参数与压力的依赖关系

在第3章和第4章中介绍了高压条件下 MAPbI$_3$ 和 MAPbBr$_3$ 样品的电输运性质,发现 MAPbI$_3$ 和 MAPbBr$_3$ 样品表现完全不同的离子迁移性质[27,33]。图 5.2 和图 5.3 分别显示了 MAPbI$_3$ 和 MAPbBr$_3$ 样品高压阻抗谱图。在 MAPbI$_3$ 的阻抗谱图中只发现了一个半圆弧,说明 MAPbI$_3$ 中只有电子传导过程,而在 MAPbBr$_3$ 阻抗谱中发现,除了一个半圆弧之外在低频区还有一个倾斜的直线,并在直线后还有一个向下弯曲的半圆,是明显的离子和电子混合传导的特征。因为溴离子比碘离子的半径小,导致卤族离子在 MAPbBr$_3$ 比在 MAPbI$_3$ 中更容易迁移。此外,有机阳离子在 HOIP 材料中对其光电性质有重要作用[34-35]。例如,对比 CsPbI$_3$ 和双极性的 MAPbI$_3$,CsPbI$_3$ 具有明显的空穴传导行为[36]。高效稳定的 HOIP 材料可以通过混合掺杂有机阳离子获得[37]。综上我们可以得到一个结论:无论是卤族元素离子还是有机阳离子都会决定 HOIP 材料的电传输行为。

FAPbBr$_3$ 是 HOIP 材料中的一种,并且与 MAPbBr$_3$ 具有相同的初始结构,在高压下具有相同的相变路径。图 5.4 和图 5.5 分别显示了 FAPbBr$_3$[31] 和 MAPbBr$_3$[38] 在高压下的结构演变信息。唯一不同的是有机阳离子 FA 离子比 MA 离子具有更大的离子半径。在湿度[39]和温度[40]条件下,FAPbBr$_3$ 比 MAPbBr$_3$ 具有更高的稳定性,而且 FAPbBr$_3$-基光伏器件比 MAPbBr$_3$-基器件具有更优异的性能[41-42]。因此在本章中我们以 FAPbBr$_3$ 为研究对象,探讨 FAPbBr$_3$ 在高压条件下的电输运性质,了解离子迁移的内部机制,并且加深对离子迁移-结构之间关系的认识。通过高压原位交流阻抗谱测量,分析压力对电子电阻,离子电阻以及电感的值的调控机制。并且通过高压原位光电流测量发现压力可以改善 FAPbBr$_3$ 的光电性质。

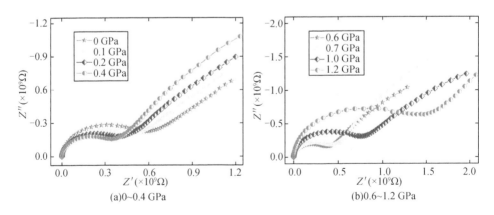

图 5.3 MAPbBr$_3$ 高压阻抗谱 Nyquist 图

第5章 高压下 $FAPbBr_3$ 的电输运和光电性质

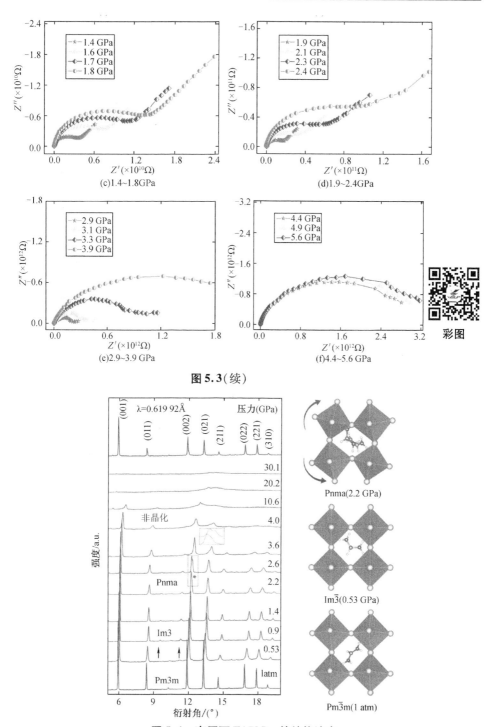

图 5.3（续）

图 5.4 高压下 $FAPbBr_3$ 的结构演变

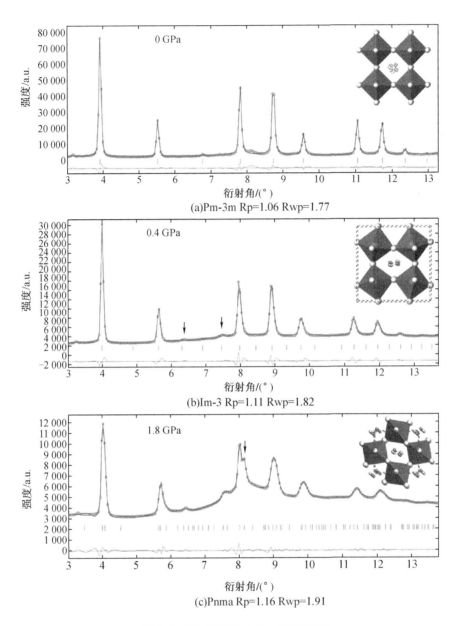

图 5.5 高压下 **MAPbBr$_3$** 的结构演变

5.2 高压下 FAPbBr$_3$ 的电输运性质

实验中用到的 FAPbBr$_3$ 和 MAPbBr$_3$ 样品是从西安宝莱特光电科技有限公司购买的,样品纯度大于 99%。考虑到 FAPbBr$_3$ 和 MAPbBr$_3$ 样品对外界环境(温度,光照,湿度)非常敏感,因此把 FAPbBr$_3$ 和 MAPbBr$_3$ 样品存放在充满氮气保护的手套箱中。在每次进行高压电学实验室之前,为了检测 FAPbBr$_3$ 和 MAPbBr$_3$ 样品是否变质,对 FAPbBr$_3$ 和 MAPbBr$_3$ 样品进行 XRD 测试,得到的 XRD 图谱如图 5.6 和图 5.7 所示。从图中我们可以看到 FAPbBr$_3$ 和 MAPbBr$_3$ 样品的所有衍射峰与前人报道的一致。说明 FAPbBr$_3$ 和 MAPbBr$_3$ 样品保持完好,并且纯度很高。

FAPbBr$_3$ 样品在不同压力下阻抗谱的 Nyquist 图如图 5.8 所示。从常压到 4.8 GPa,根据阻抗谱的形状和变化趋势可以将阻抗谱分为四组。在压力低于 0.7 GPa 时,如图 5.8(a)所示,阻抗谱由三部分组成:位于高频区的半圆弧,中频区倾斜的直线和在低频时向高频回转的圆弧。在高频区的半圆弧代表离子或电子围绕晶格格点在高频区前后震动过程。半圆弧的直径代表的是转移电阻用来表征离子/电子在晶格中传输的难易程度。从图 5.8(a)中可以看到,高频区半圆弧的直径(传输电阻)随着压力的增大而减小。中频区倾斜的直线代表在中频时,材料中的离子开始长程扩散,发生化学计量极化,也称为 Warburg 扩散过程。向高频回转的弧代表电感或负电容。由图 5.8(b)所示,0.7~1.6 GPa,高频区的半圆弧的直径随压力的增加而增加。向高频回转的弧明显变长并在 Z' 轴的下方形成一个完整的与 Z' 轴相交的半圆,说明电感在 0.7~1.6 GPa 压力区间内逐渐变强。压力超过 1.8 GPa 时,Z' 轴下方的弧随着压力的增加再次变短,如图 5.8(c)所示。随着压力的继续增加,代表电感的弧和代表离子传导的倾斜直线都消失了,如图 5.8(d)所示。虽然离子传导和电感在前人的工作中均有报道,但是电感如何产生,电感与离子传导之间的关系以及压力如何调节电感和离子传导尚不明确,解决这几个问题是本工作研究的重点。

在阻抗谱分析中首先要确定体系内部有几个状态变量。一般而言,体系中有几个时间常数对应着几个状态变量。图 5.9 显示了不同压力下 FAPbBr$_3$ 样品阻抗谱的 $f-Z''$ 图,从图中发现从 0.6 GPa 到 2.3 GPa 时,均有两个弛豫峰,在体系中存在两个时间常数,说明体系中含有两个状态变量,其中一个是电极电位 E,另一个是未知的状态变量可以引起电感。其实在体系中还隐藏一个状态变量就是离子迁移,但是离子迁移是一个动态过程,因此在 f-Z'' 图中不会出现于离子迁移对应的时间常数。

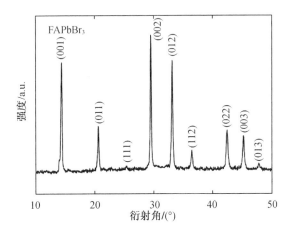

图 5.6　常压下 FAPbBr$_3$ 的 XRD 图谱

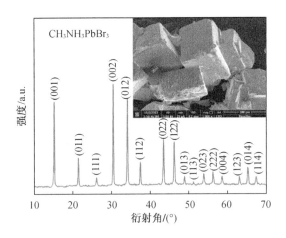

图 5.7　常压下 MAPbBr$_3$ 的 XRD 图谱(插图为 MAPbBr$_3$ 的 SEM 图像)

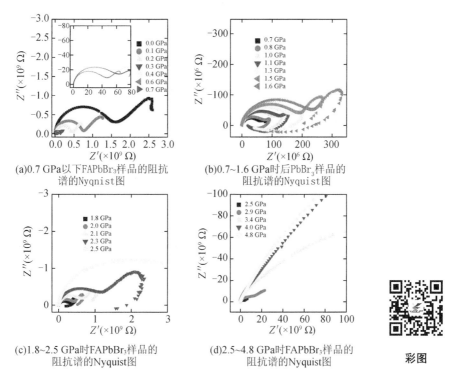

图 5.8　FAPbBr$_3$ 样品在不同压力下不同相阻抗谱的 Nyquist 图

为了寻找出 FAPbBr$_3$ 样品中电感存在的内部机制，首先我们把 FAPbBr$_3$ 和 MAPbBr$_3$ 样品阻抗谱的 Nyquist 图进行对比。图 5.10 显示 MAPbBr$_3$ 样品在不同压力下不同相阻抗谱的 Nyquist 图。在整个压力区间内，在 MAPbBr$_3$ 样品阻抗谱中并没有发现电感的存在。FAPbBr$_3$ 和 MAPbBr$_3$ 样品具有相同的初始结构，在高压下具有相同的相变路径。它们之间唯一不同的是有机基团，FA 的尺寸和体积要大于 MA，因此 FAPbBr$_3$ 样品中出现电感的原因归结于较大尺寸的 FA 有机阳离子。

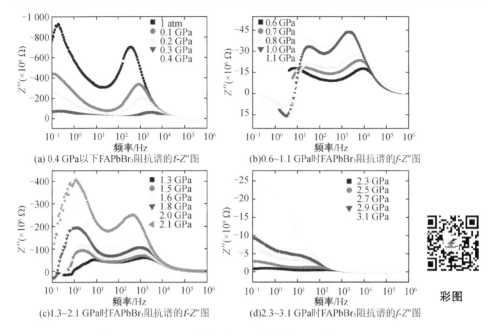

图 5.9　FAPbBr$_3$ 不同压力下阻抗谱的 f-Z'' 图

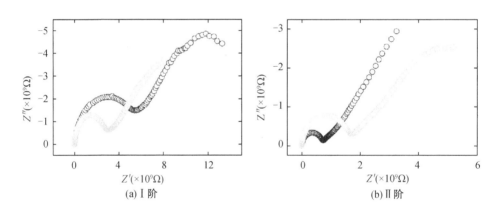

图 5.10　MAPbBr$_3$ 样品在不同压力下不同相阻抗谱的 Nyquist 图

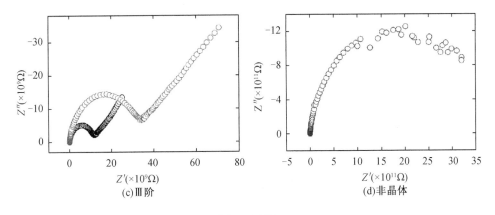

(c) Ⅲ阶　　　　　　　　　　(d)非晶体

图 5.10（续）

在 HOIPs 光伏器件中出现的电感和负电容存在几种解释,首先是表面极化模型解释负电容。表面极化模型假设钙钛矿电池中电压的形成意味着 TiO_2 电子选择接触处的电荷积累,如图 5.11 所示。当光的强度增加时,积累电容增加[43],并在钙钛矿层发现表面电荷[44-45]。在图 5.11 中,在正向偏压带弯曲结构是通过详细的模拟建立的[46]。V 是接触面的外部电压,V_s 是表面极化电压,与正离子电荷导致的空穴积累层有关,正离子电荷由离子迁移产生,并由界面接触层的电子补偿[47]。界面处过量的空穴电荷密度是空穴密度的函数:

$$Q_s = q\, p_s = Q_{s0} e^{qV_s/\gamma k_B T} \tag{5.1}$$

式中　p_s——表面空穴密度;

　　　q——基本电荷;

　　　$k_B T$——热能;

　　　Q_{s0}——平衡状态的电荷;

　　　γ——经验常数。

电容与表面电荷的关系为

$$C_1 = \frac{dQ_s}{dV_s} = \frac{q Q_{s0}}{\gamma k_B T} e^{qV_s/\gamma k_B T} \tag{5.2}$$

在纯电子积累形成的电容中,指数 γ 的值为 2[43]。在平衡状态下,外部电压为 V,则

$$V_s = V - V_{bi} \tag{5.3}$$

式中　V_{bi}——内建电场。

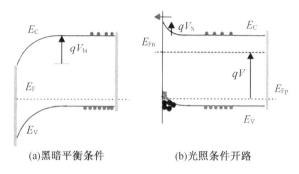

(a)黑暗平衡条件　　(b)光照条件开路

图 5.11　钙钛矿太阳能电池的能带弯曲图，电子接触点在左侧，空穴接触点在右侧

在界面处存在离子，离子的迁移率严重阻碍了平衡态的建立和恢复[46]。因此内部电压 V_s 不能和外部电压同步，但是会慢慢达到外部电压施加的条件，此特征行为可以用该类型的弛豫方程描述[47]：

$$\frac{dV_s}{dt} = -\frac{V_s - (V - V_{bi})}{\tau_{kin}} \quad (5.4)$$

式中　τ_{kin}——弛豫动力学常数。

弛豫动力学常数 τ_{kin} 由指定的光照和温度条件下离子位移的快慢程度决定。

接下来建立标准的光伏特性的太阳能电池方程。表面处的复合电流取决于电子和空穴的浓度[48]：

$$j_{rec} = k_{rec} n Q_s \quad (5.5)$$

式中　k_{rec}——复合速率；

n——电子浓度，$n = n_0 \exp(qV/\beta k_B T)$（$\beta = 1$ 为理想参数，n_0 为单位体积的电子数目）。

因此复合的瞬态电流为

$$j_{rec} = j_{rec0} e^{qV_{bi}/\gamma k_B T} e^{q(V_s/\gamma + V/\beta)/k_B T} \quad (5.6)$$

式中　j_{rec0}——再复合参数。

通过等式 5.3 中的表面电压在平衡态的值来获得再复合方程的稳态解：

$$\overline{j_{rec}} = \overline{j_{rec0}} e^{q\overline{V}/m k_B T} \quad (5.7)$$

式中　m——随 γ、β 变化的量，$m = \gamma\beta/(\gamma + \beta)$；

为了在瞬态完成表面极化，电流值等于光电流减去再复合电流和在界面处获得的过量电子的电流：

$$j = j_{ph} - j_{rec0} e^{q(V_s/\gamma + V/\beta + V_{bi}/\gamma)/k_B T} + C_1 \frac{dV_s}{dt} \quad (5.8)$$

式中　j_{ph}——光电流。

第5章 高压下 FAPbBr$_3$ 的电输运和光电性质

计算表面极化的阻抗谱响应,施加一个角频率为 ω 的交流电压,通过拉普拉斯变换,交流电流为

$$\hat{j} = \overline{j_{rec}}\left(\frac{q\hat{V}_s}{\gamma k_B T} + \frac{q\hat{V}_s}{\beta k_B T}\right) + i\omega C_1 \hat{V}_s \quad (5.9)$$

式中 $\hat{V}_s$——微扰表面极化电压。

微小扰动表面极化电压可以通过对 5.4 的拉普拉斯变换得到:

$$\hat{V}_s = \frac{\hat{V}}{1 + i\omega \tau_{kin}} \quad (5.10)$$

式中 $\hat{V}$——微扰外部电压。

通过式 5.9 和 5.10 可以得到阻抗的表达式:

$$Z = \frac{\hat{V}}{\hat{j}} = \left[i\omega C_d + \frac{1}{R_L + i\omega L} + \frac{1}{R_{rec}} + \frac{1}{R_C - i\frac{1}{\omega c_1}}\right]^{-1} \quad (5.11)$$

式中 R_{rec}——与稳态复合电流密度 $\overline{j_{rec}}$ 成反比的复合电阻, $R_{rec} = \frac{\beta k_B T}{q \overline{j_{rec}}}$;

C_d——在高频区的介电电容或表面电容, $R_L = \frac{\gamma k_B T}{q \overline{j_{rec}}}$;

R_L——电感 L 的串联电阻, C_1 的串联电阻, $L = \tau_{kin} R_L$;

R_C——电容, $R_C = \frac{b \tau_{kin}}{c_1}$, 其中 b 为附加参数。

其中,等式(5.11)模型的等效电路如图 5.12 所示,在该电路中,R_{rec} 是与稳态复合电流密度 $\overline{j_{rec}}$ 成反比的复合电阻。R_L 与稳态复合电流密度 $\overline{j_{rec}}$ 成反比,电感 L 依赖于 τ_{kin}, R_C 同样依赖于 τ_{kin} 和附加参数 b。

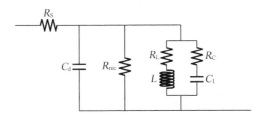

图 5.12 施加小 AC 电流扰动的等效电路

在其他的文献中也发现了低频响应的电感或负电容[50],电感或负电容出现的原因有增强的再复合机制[51],碘离子参与的电化学反应[52],电子载流子的注入机制[19],但是都没有给出详细的模型。

通过对比实验,$FAPbBr_3$样品中出现电感的原因可以归结于较大尺寸的 FA 有机阳离子。接下来,通过分析 FA 有机阳离子的传输动力学来弄清楚电感是如何产生的。对于一个给定的电学系统,包括$FAPbBr_3$样品,传输过程由两部分组成,一个是非法拉第过程,一个是法拉第过程。非法拉第过程实际上是一个充电-放电过程,用常相位角 CPE 表示。对于法拉第过程,导纳 Y_F 可以表示为

$$Y_F = \frac{1}{Z} = Y_F^0 + \left(\frac{\partial I_F}{\partial C_s}\right) \cdot \frac{\Delta C_s}{\Delta E} = \frac{1}{R_e} + \frac{1}{R_{ion}} + \left(\frac{\partial I_F}{\partial C_s}\right) \cdot \frac{\Delta C_s}{\Delta E} + \frac{\partial I_F}{\partial X} \cdot \frac{\Delta X}{\Delta E} \quad (5.12)$$

式中 R_e——电子的传输电阻;

R_{ion}——离子的传输电阻;

I_F——法拉第电流密度;

E——电极电位;

X——可以引起电感的未知状态变量;

Y_F^0——包含电子、离子和电感的导纳。

其中,$\frac{1}{R_{ion}} + \left(\frac{\partial I_F}{\partial C_s} \cdot \frac{\Delta C_s}{\Delta E}\right)$代表离子扩散的导纳。并且 $Y_X^0 = \frac{\partial I_F}{\partial X} \cdot \frac{\Delta X}{\Delta E}$ 代表状态变量 X 的导纳。因此,根据等式 5.12 可以判断,电子传输过程、离子传输过程以及电感是同时发生的,在等效电路中是并联的关系。对于电子传输,等效元件是一个纯电阻 R_e,对于离子传输,等效元件是一个纯电阻 R_{ion} 与 Warburg 元件串联。

下面我们讨论状态变量 X 的导纳。一般来说,当一个电极反应进行时,若是其他条件不变,表示电极反应速度的法拉第电流密度 I_F 是电极电位 E 和电极表面状态变量 X 的函数:

$$I_F = f(E, X) \quad (5.13)$$

当电极反应处于定态时,E 和 X 都具有一定的数值:$dE/dt = 0$,$dX/dt = 0$,相应的 I_F 也为定态值。如果我们在这种情况下,给电极系统一个电位扰动,使 E 变为 $E + \Delta E$,即该变量为 ΔE,则在满足因果性条件下,状态变量 X 也会随之有一个该变量 ΔX。作为这些变量的函数 I_F 也将有一个该变量 ΔI_F。将 I_F 作为 E 和 X 的函数做泰勒展开,ΔI_F 可以近似的表示成:

$$\Delta I_F = \left(\frac{\partial I_F}{\partial E}\right)\Delta E + \left(\frac{\partial I_F}{\partial X}\right)\Delta X \quad (5.14)$$

在导纳测量中,扰动信号为小振幅正弦波电信号,如果设初相位 $\phi = 0$,则有

$$\Delta E = |\Delta E| \cdot \exp(j\omega t) \tag{5.15}$$

式中 $|\Delta E|$——正弦波电位信号的幅值；

ω——正弦波的角频率。

电极过程的法拉第导纳的定义为 $Y_F = \Delta I_F/\Delta E$。从式 5.14 可得

$$Y_F = \frac{1}{R} + m\frac{\Delta X}{\Delta E} \tag{5.16}$$

式中 R——电阻。

状态变量 X 的导纳为 $Y_X^0 = m\dfrac{\Delta X}{\Delta E}$，其中 $m = \partial I_F/\partial X$。

电极系统在受到电位扰动之后，状态变量也会偏离它们的定态值。在浓度极化不存在的情况下，状态变量 X 的变化速率包括电极电位在内的所有状态变量的函数：

$$\Xi = \frac{dX}{dt} = \frac{d\Delta X}{dt} = g_i(E, X) \tag{5.17}$$

在定态下，$dE/dt = 0$，$dX/dt = 0$，若状态变量 X 在受小振幅的正弦波电位信号的扰动下，满足线性条件，将式(5.17)作泰勒级数展开，取其线性项，可得到：

$$\Xi = b\Delta E + \left(\frac{\partial \Xi}{\partial X}\right)\Delta X \tag{5.18}$$

ΔX 是对于角频率为 ω 的正弦波扰动的响应，因此 Ξ 也应该是对于角频率为 ω 的正弦波扰动的响应，所以

$$\Xi = \frac{d\Delta X}{dt} = j\omega \Delta X \tag{5.19}$$

结合式(5.18)和式(5.19)，我们可以得到：

$$j\omega\Delta X = b\Delta E + \left(\frac{\partial \Xi}{\partial X}\right)_{ss}\Delta X \tag{5.20}$$

我们定义 $a = -(\partial \Xi/\partial X)_{ss}$，这样我们从式(5.19)就可以得到：

$$\frac{\Delta X}{\Delta E} = \frac{b}{a + j\omega} \tag{5.21}$$

这样，定义 $B = m \cdot b = (\partial I_F/\partial X)(\partial \Xi/\partial E)$，我们最终可以得到变量 X 的导纳为

$$Y_X^0 = \frac{B}{a + j\omega} = \frac{1}{\dfrac{a}{B} + j\omega\dfrac{1}{B}} \tag{5.22}$$

如果在阻抗谱中出现电感，其中必须要满足一个条件 $B > 0$。这样式(5.22)就可以转变成：

$$Y_X^0 = \frac{1}{R_L + j\omega L} \tag{5.23}$$

则 $R_L = a/B > 0, L = 1/B > 0$,在等效电路中表现为一个电阻 R_L 和一个电感元件 L 串联。因此我们要确定状态变量满足 $B = (\partial I_F/\partial X)(\partial \Xi/\partial E) > 0$。

考虑到 FAPbBr$_3$ 和 MAPbBr$_3$ 样品之间的不同点在于有机基团的半径不同,FA 离子的半径要大于 MA 离子半径,因此 FAPbBr$_3$ 样品中出现电感要归因于 FAPbBr$_3$ 样品中半径较大的 FA 离子。在高压条件下,FAPbBr$_3$ 样品发生两个结构相变,从立方相($Pm\bar{3}m$)(相 I)到立方相($Im\bar{3}$)(相 II)再到正交相(Pnma)(相 III)最后到非晶相(相 IV)。在压力低于 2.8 GPa 时,FA 离子沿着 <100> 方向的通道移动,随着压力的增加,内部空隙逐渐减小,导致离子通道逐渐关闭。相应的,FA 离子与周围的无机 PbBr$_6$ 八面体框架的作用逐渐增强。结果导致有一部分 FA 离子陷在 PbBr$_6$ 八面体框架中无法沿着外电场方向进行迁移。但是,随着电极电位的增加,会有一部分 FA 离子逃离陷阱重新参与迁移。进而导致法拉第电流增加。这里,逃离的 FA 离子数目 n 是状态变量 X。因此 $\partial I_F/\partial X = \partial I_F/\partial n > 0$。同时,电极电位越大,单位时间内逃离出来的 FA 离子越多,即 $\partial \Xi/\partial E = (dn/dt)/\partial E > 0$。换句话说,逃离的 FA 离子数目 n 与法拉第电流成正比,单位时间内逃离的 FA 离子数目 dn/dt 与电极电位成正比,这就是在阻抗谱中发现电感的原因。

阻抗谱分析已经广泛应用于 HOIP 文献中用于区分 HOIP 中不同时间尺度发生的物理过程如电子传输、离子传输或电感。为了进一步理解 FAPbBr$_3$ 样品的电输运机制,利用选择合适的等效电路的方法对阻抗谱进行拟合。首先,利用等效电路对阻抗谱的 Nyquist 图进行拟合来定量模拟体系的性质,如图 5.13 所示。在利用等效电路分析阻抗谱数据时,最初对等效电路的猜想要基于体系中实际发生的物理过程。Nyquist 图的形状为体系中可能发生的物理过程提供线索。如果 Nyquist 图是一条平行于 Y 轴的直线,则等效电路是由一个电容与一个纯电阻串联组成的,电阻的值是与 X 轴的截距。如果 Nyquist 图是一个半圆并且起点在原点,则等效电路是一个并联的电容和电阻。如果还有一个新的电阻与这个电路串联,则半圆的起点与 X 轴的截距不在原点而是向右移动一个距离,这个距离的值等于新串联的电阻。因此,要结合对 Nyquist 图的初步判断和对体系内部发生的过程或器件的工作原理进行创建等效电路模型,其中每个电路元件都代表特定的过程。例如,一个简单的光伏器件只有电子传导,等效电路模型只有两个元件:一个电容和一个电阻,电阻代表电子载流子穿过活性材料所经历的电阻,电容代表电子和空穴分离差分产生的电容。这个简单的 RC 电路显示的是一个半圆,通过拟合得到不同电路元件的值可以定性地给出光伏器件在不同条件下各个过程如何变化,也可以定量地给出动力学数据如时间常数或每个分离过程的活化能。

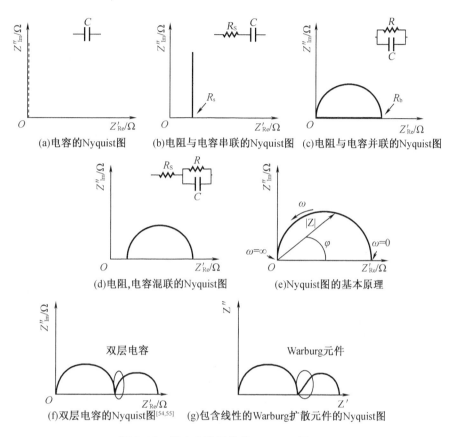

图 5.13　基本电路元件的 Nyqwist 图

FAPbBr$_3$ 样品在压力低于 2.8 GPa 之前的阻抗谱包含三个部分:电子传导、离子传导以及电感。等效电路的确定过程如图 5.14 所示。对于一个给定的电学系统,包括 FAPbBr$_3$ 样品的阻抗测量,传输过程包括两个部分:非法拉第过程和法拉第过程如图 5.14(a)所示。非法拉第过程其实是一个充电-放电的过程,用常相位角 PCE 表示。对于电子传输过程,在等效电路中用一个纯电阻 R_e 表示。对于离子传输过程,在等效电路中用一个纯电阻 R_{ion} 和一个 Warburg 元件串联表示如图 5.14(b)所示。对于电感,经过上文的推导可知,在等效电路中用一个纯电阻 R_L 和一个电感元件 L 串联表示如图 5.14(c)所示。电子传输、离子传输和电感在等效电路中是并联关系。FAPbBr$_3$ 样品的阻抗表示为

$$Z = \cfrac{1}{\cfrac{1}{R_e} + \cfrac{1}{R_{ion}+Z_W} + \cfrac{1}{Z_Q} + \cfrac{1}{R_L+Z_L}} \qquad (5.24)$$

式中 Z_W——Warburg 等效元件的阻抗，$Z_W = \sigma_W \omega^{-\frac{1}{2}}(1-j)\coth\delta\left(\cfrac{j\omega}{D}\right)^{\frac{1}{2}}$（$\sigma_W$ 为 Warburg 系数，D 是离子扩散系数，δ 是离子平均扩散长度，$\omega = 2\pi f$）；

Z_Q——常相位角 CPE 等效元件的阻抗，$Z_Q = \sigma_Q \omega^{-n}[\cos(n\pi/2) + j\sin(n\pi/2)]$（$\sigma_Q$ 为 CPE 系数）；

Z_L——电感 L 等效元件的阻抗；$Z_L = \sigma_L \omega^n[\cos(n\pi/2) + j\sin(n\pi/2)]$（$\sigma_L$ 为电感系数）。

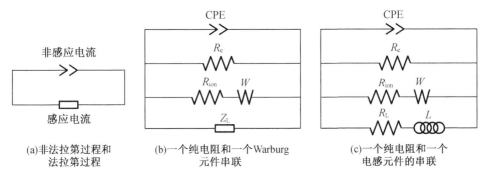

图 5.14 等效电路的确定过程

当压力超过 3.4 GPa 以后，Warburg 阻抗和电感阻抗全部消失，等效电路可以简化成 R – CPE 并联电路如图 5.15 所示。此时，阻抗表达式为

$$Z = \cfrac{1}{\cfrac{1}{R_e} + \cfrac{1}{Z_Q}} \qquad (5.25)$$

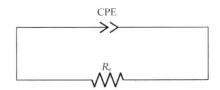

图 5.15 FAPbBr$_3$ 样品在 3.4 GPa 之后的等效电路

利用图 5.14(c) 中的等效电路，对 2.8 GPa 之前的阻抗谱进行拟合，选取

0.8 GPa时的阻抗谱用来说明FAPbBr₃样品中电子、离子以及电感的传导过程,如图5.16(a)所示。图5.16(b)显示了FAPbBr₃样品在 II 相中电感与压力的依赖关系,图5.16(c)显示了FAPbBr₃样品在整个压力区间内电子电阻和离子电阻与压力的依赖关系。

在图5.16(a)中,Part 1 代表的是离子和电子传导过程,Part 2 代表的是电感,Part 3 代表的是 Part 1 和 Part 2 的过渡部分。我们注意到 Part 2 是一个"压扁"的电感半圆弧,因此在拟合过程中需要对电感L的值做出修正:

$$Z_L = (j\omega L)^\alpha \tag{5.26}$$

式中 ω——角频率,$\omega = 2\pi f$;

α——指数,$0 < \alpha < 1$。

指数 α 与压力的依赖关系如表5.1所示。

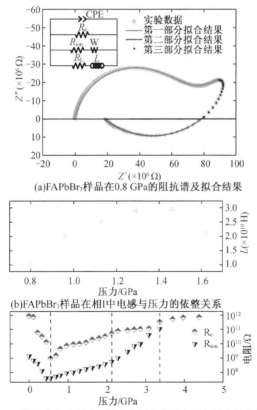

(a) FAPbBr₃样品在0.8 GPa的阻抗谱及拟合结果

(b) FAPbBr₃样品在相I中电感与压力的依整关系

(c) FAPbBr₃样品在整个压力区间内电子和离子电阻与压力的依赖关系

图5.16 0.8 GPa 时的阻抗谱说明 FAPbBr₃ 样品中电子、离子及电感的传导过程

表 5.1　指数 α 与压力的依赖关系

压力/GPa	0.8	1.0	1.1	1.3	1.5	1.6
α	0.75(4)	0.75(2)	0.75(6)	0.76(1)	0.76(4)	0.76(8)

在图 5.8(a)中,$FAPbBr_3$ 样品的 I 相中没有发现明显的电感,这是因为在 I 相中所有的 FA 离子在通道中都可参与迁移,而且电极电位只影响 FA 离子的迁移速度而不会影响 FA 离子的迁移数目即 $\frac{\partial X}{\partial E} = \frac{\partial n}{\partial E} = 0$。随着压力的增加,压力诱导 $PbBr_6$ 八面体收缩,$FAPbBr_3$ 样品发生了从 I 相 - II 相的结构相变,并且在 II 相中能够观察到明显的电感现象。根据拟合结果,电感 L 的值随压力的增加而增大,如图 5.16b 所示。在 $MAPbBr_3$ 样品中,在相 I 时,MA 离子是自由旋转的,但是到了 II 相时,MA 离子会被困在 $PbBr_6$ 八面体中。$FAPbBr_3$ 和 $MAPbBr_3$ 样品具有相同的初始相和相同的高压相变路径。因此在 II 相时,由于 FA 离子的半径比 MA 离子的半径要大,FA 离子也会困在 $PbBr_6$ 八面体中。这就会使得 FA 离子在通道中迁移受到阻碍。单位时间内通过通道的 FA 离子数目正比于外部的电极电位,电极电位越大,单位时间内通过通道的离子数越多。因此在 II 相发现明显的电感现象并且电感的值随着压力的增加而增大。从 II 相到 III 相,相转变机制是由于 $PbBr_6$ 八面体的倾斜和畸变,被压缩的通道空间和增强的氢键严重阻碍 FA 离子在通道内部的迁移。但是单位时间内通过通道的离子数目依然依赖于外部的电极电位 E,但是这种依赖明显要小于相 II。因此在相 III 中电感随压力的增加会逐渐减小。在相 IV 时,$FAPbBr_3$ 样品处于非晶化状态,离子迁移通道闭合,在样品中不再有离子迁移,也就不会再出现电感。

通过对不同压力下的阻抗谱进行拟合,就可以得到离子电阻 R_{ion} 和电子电阻 R_e 与压力的依赖关系,如图 5.16(c)所示。R_e 和 R_{ion} 在 0.7 GPa 和 2.1 GPa 处都发生了不连续的变化,归因于 $FAPbBr_3$ 样品在压力的作用下发生 I 相 - II 相 - III 相的压致结构相变。$FAPbBr_3$ 样品的压力相变点要高于 $MAPbBr_3$ 样品说明 $FAPbBr_3$ 样品更稳定。当压力超过 3.4 GPa 时,电阻的变化反映了 $FAPbBr_3$ 样品开始无序和部分非晶化。从常压到 2.8 GPa,R_e 在数值上比 R_{ion} 总是高出 2~3 个数量级,说明离子传输主导 $FAPbBr_3$ 样品的电输运过程。对于电子传导过程,在相 I 电子电阻随压力的增加而减小,归因于压力诱导带隙变窄。在 II 相和 III 相中,FA 离子与 $PbBr_6$ 八面体的作用增强,导致带隙变宽,因此电子电阻随压力增加而逐渐增大。对于离子电阻,在 I 相离子电阻随压力的增加而减小,主要归因于:随着压力的增加,离子的跳跃距离逐渐减小,因此使得离子的迁移更容易。

在Ⅱ相和Ⅲ相中,随着压力的继续增大,虽然离子的跳跃距离越来越小,但是$PbBr_6$八面体急剧收缩甚至发生倾斜和畸变,导致离子通道的收缩,空间变窄,因此 FA 离子的迁移受到限制。另外随着压力的增加,FA 离子与 $PbBr_6$ 八面体之间的氢键作用越来越强[56],因此会把 FA 离子限制在 $PbBr_6$ 八面体中,最终导致离子电阻随压力的增加逐渐增大。当压力超过 3.4 GPa 以后,在拟合过程中,离子电阻变得非常大,可以忽略不计,因此 $FAPbBr_3$ 样品中只含有电子传输。在 3.4 GPa 时,$FAPbBr_3$ 样品发生了电子或离子混合传导 – 电子传导的相变。

5.3 高压下 $FAPbBr_3$ 的光电导

HOIP 材料应用于光伏设备,因此 HOIP 的光电性能对提升器件的转化效率至关重要,并且可以从侧面反映器件的性能,如光电流越大,制作出来的器件性能也会越好。因此需要对 $FAPbBr_3$ 样品进行了不同压力下光电流的测试。如图 5.17 显示了 $FAPbBr_3$ 样品在不同压力下电压 $U=5$ V 时的光电响应。从图中可以发现,在光照条件下,$FAPbBr_3$ 样品的电流值迅速上升,说明 $FAPbBr_3$ 具有良好的光响应性质,当光关闭时,电流值迅速下降。在压力小于 2 GPa 时,光电流随着压力的增加逐渐增大,说明压力可以调控和改善 $FAPbBr_3$ 样品的光电性能。并且 $FAPbBr_3$ 样品在 1.3 GPa 时(图 5.17(b)),光电响应达到最优。继续增加压力,光电流开始急剧减小,当压力超过 3.5 GPa 时探测不到光电响应信号。相比于之前提到的高压下 $MAPbBr_3$ 和 $MAPbI_3$ 样品的光电流,$FAPbBr_3$ 样品的最大光电流值(约为 1.2 μA)约是 $MAPbBr_3$(约为 0.1 μA)的 10 倍,约是 $MAPbI_3$(约为 0.4 μA)的 3 倍。这种现象归因于不同的光吸收能力以及不同的离子传导性质。这些实验结果说明 $FAPbBr_3$ 样品优异的光电性质,并且其光电性质可以通过温和的压力调控,对设计 $FAPbBr_3$ – 基光电设备具有指导作用。

利用金刚石对顶砧高压技术对 $FAPbBr_3$ 样品进行高压原位交流阻抗谱和光电流的测量。通过阻抗谱测量,在 0.8~2.3 GPa 的压力区间内即 $FAPbBr_3$ 样品的Ⅱ相和Ⅲ相中发现明显的电感现象。电感的值依赖于通道内参与迁移的 FA 离子数目。在本章节中已经详细讨论了电感产生的内部机制。在整个压力区间内,$FAPbBr_3$ 样品发生了两个结构相变,在相变压力点,电子电阻和离子电阻均发生了不连续变化。在相Ⅰ中,电子电阻和离子电阻随压力的增加而减小。在Ⅱ相和Ⅲ相中,电子电阻和离子电阻随压力的增加而增大。在 $FAPbBr_3$ 样品非晶化之前,电子电阻的数值总是高于离子电阻 2～3 个数量级,说明离子传导在电输运过程中起主导作用。3.4 GPa 以后,FAPbBr$_3$ 样品开始无序,部分非晶化,发生了电子/离子混合传导 – 纯电子传导的转变。通过光电流测量发现,FAPbBr$_3$ 样品的光电流值可以通过压力调控和改善,并且 Ⅱ 相的光电流值要高于其他相。在 1.3 GPa 时,FAPbBr$_3$ 样品的光电流达到最大值,其最大光电流值约是 MAPbBr$_3$ 的 10 倍,约是 MAPbI$_3$ 的 3 倍。本章节所阐述的内容不但揭示了离子迁移 – 电感之间的内在联系,而且解释了压力对离子传导和电感调节内部机制。对 FAPbBr$_3$ – 基光伏器件的设计和优化具有指导作用。

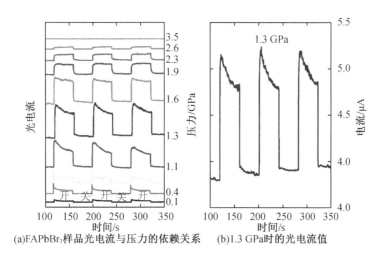

(a)FAPbBr$_3$ 样品光电流与压力的依赖关系　(b)1.3 GPa 时的光电流值

图 5.17　FAPbBr$_3$ 样品在不同压力下电压 u = 5 V 时光电响应

参 考 文 献

[1] KIM H S, LEE C R, IM J H, et al. Lead iodide perovskite sensitized all – solid – state submicron thin film mesoscopic solar cell with efficiency exceeding 9%[J]. Scientific Reports, 2012, 2: 591.

[2] JEON N J, NA H, JUNG E H, et al. A fluorene – terminated hole – transporting material for highly efficient and stable perovskite solar cells[J]. Nature Energy, 2018, 3(8): 682 – 689.

[3] BURSCHKA J, PELLET N, MOON S J, et al. Sequential deposition as a route to high – performance perovskite – sensitized solar cells[J]. Nature, 2013, 499: 316.

[4] IM J H, LEE C R, LEE J W, et al. 6.5% efficient perovskite quantum – dot – sensitized solar cell[J]. Nanoscale, 2011, 3(10): 4088 – 4093.

[5] KOJIMA A, TESHIMA K, SHIRAI Y, et al. Organometal halide perovskites as visible – light sensitizers for photovoltaic cells[J]. Journal of the American Chemical Society, 2009, 131(17): 6050 – 6051.

[6] PONSECA C S, SAVENIJE T J, ABDELLAH M, et al. Organometal halide perovskite solar cell materials rationalized: ultrafast charge generation, high and microsecond – long balanced mobilities, and slow recombination[J]. Journal of the American Chemical Society, 2014, 136(14): 5189 – 5192.

[7] XING G, MATHEWS N, LIM S S, et al. Low – temperature solution – processed wavelength – tunable perovskites for lasing[J]. Nature Materials, 2014, 13: 476.

[8] KOH T M, KRISHNAMOORTHY T, YANTARA N, et al. Formamidinium tin – based perovskite with low eg for photovoltaic applications[J]. Journal of Materials Chemistry A, 2015, 3(29): 14996 – 15000.

[9] LEE M M, TEUSCHER J, MIYASAKA T, et al. Efficient hybrid solar cells based on meso – superstructured organometal halide perovskites[J]. Science, 2012, 338(6107): 643 – 647.

[10] STRANKS S D, SNAITH H J. Metal – halide perovskites for photovoltaic and light – emitting devices[J]. Nature Nanotechnology, 2015, 10: 391.

[11] FU A, YANG P. Lower threshold for nanowire lasers[J]. Nature Materials, 2015, 14: 557.

[12] ZHAO Y, ZHU K. Organic – inorganic hybrid lead halide perovskites for optoelectronic and electronic applications[J]. Chemical Society Reviews, 2016, 45(3): 655 – 689.

[13] MACULAN G, SHEIKH A D, ABDELHADY A L, et al. $MAPbCl_3$ single crystals: inverse temperature crystallization and visible – blind UV – photodetector[J]. J Phys Chem Lett, 2015, 6(19): 3781 – 3786.

[14] JUAREZ – PEREZ E J, SANCHEZ R S, BADIA L, et al. Photoinduced giant dielectric constant in lead halide perovskite solar cells[J]. J Phys Chem Lett, 2014, 5(13): 2390 – 2394.

[15] GUERRERO A, GARCIA – BELMONTE G, MORA – SERO I, et al. Properties of contact and bulk impedances in hybrid lead halide perovskite solar cells including inductive loop elements[J]. The Journal of Physical Chemistry C, 2016, 120(15): 8023 – 8032.

[16] JUAREZ – PEREZ E J, WUβLER M, FABREGAT – SANTIAGO F, et al. Role of the selective contacts in the performance of lead halide perovskite solar cells[J]. J Phys Chem Lett, 2014, 5(4): 680 – 685.

[17] WANG P, SHAO Z, ULFA M, et al. Insights into the hole blocking layer effect on the perovskite solar cell performance and impedance response[J]. The Journal of Physical

Chemistry C, 2017, 121(17): 9131-9141.

[18] CONTRERAS L, IDÍGORAS J, TODINOVA A, et al. Specific cation interactions as the cause of slow dynamics and hysteresis in dye and perovskite solar cells: a small-perturbation study[J]. Physical Chemistry Chemical Physics, 2016, 18(45): 31033-31042.

[19] KOVALENKO A, POSPISIL J, KRAJCOVIC J, et al. Interface inductive currents and carrier injection in hybrid perovskite single crystals[J]. Applied Physics Letters, 2017, 111(16): 163504.

[20] FABREGAT-SANTIAGO F, KULBAK M, ZOHAR A, et al. Deleterious effect of negative capacitance on the performance of halide perovskite solar cells[J]. ACS Energy Letters, 2017, 2(9): 2007-2013.

[21] GHAHREMANIRAD E, BOU A, OLYAEE S, et al. Inductive loop in the impedance response of perovskite solar cells explained by surface polarization model[J]. The Journal of Physical Chemistry Letters, 2017, 8(7): 1402-1406.

[22] KOVALENKO A, POSPISIL J, ZMESKAL O, et al. Ionic origin of a negative capacitance in lead halide perovskites[J]. Physica Status solidi (RRL) - Rapid Research Letters, 2017, 11(3): 1600418.

[23] ALMOND D P, BOWEN C R. An explanation of the photoinduced giant dielectric constant of lead halide perovskite solar cells[J]. The Journal of Physical Chemistry Letters, 2015, 6(9): 1736-1740.

[24] JAFFE A, LIN Y, BEAVERS C M, et al. High-pressure single-crystal structures of 3D lead-halide hybrid perovskites and pressure effects on their electronic and optical properties[J]. ACS Central Science, 2016, 2(4): 201-209.

[25] KONG L, LIU G, GONG J, et al. Simultaneous band-gap narrowing and carrier-lifetime prolongation of organic-inorganic trihalide perovskites[J]. Proceedings of the National Academy of Sciences, 2016, 113(32): 8910-8915.

[26] LÜ X, WANG Y, STOUMPOS C C, et al. Enhanced structural stability and photo responsiveness of MASnI3 perovskite via pressure-induced amorphization and recrystallization[J]. Advanced Materials, 2016, 28(39): 8663-8668.

[27] OU T, YAN J, XIAO C, et al. Visible light response, electrical transport, and amorphization in compressed organolead iodine perovskites[J]. Nanoscale, 2016, 8(22): 11426-11431.

[28] SZAFRAńSKI M, KATRUSIAK A. Mechanism of pressure-induced phase transitions, amorphization, and absorption-edge shift in photovoltaic methylammonium lead iodide[J]. The Journal of Physical Chemistry Letters, 2016, 7(17): 3458-3466.

[29] WANG L, WANG K, XIAO G, et al. Pressure-induced structural evolution and band gap shifts of organometal halide perovskite-based methylammonium lead chloride[J]. The

[30] DAWSON J A, NAYLOR A J, EAMES C, et al. Mechanisms of lithium intercalation and conversion processes in organic – inorganic halide perovskites[J]. ACS Energy Letters, 2017, 2(8): 1818 – 1824.

[31] WANG L, WANG K, ZOU B. Pressure – induced structural and optical properties of organometal halide perovskite – based formamidinium lead bromide[J]. The Journal of Physical Chemistry Letters, 2016, 7(13): 2556 – 2562.

[32] JAFFE A, LIN Y, KARUNADASA H I. Halide perovskites under pressure: accessing new properties through lattice compression[J]. ACS Energy Letters, 2017, 2(7): 1549 – 1555.

[33] YAN H, OU T, JIAO H, et al. Pressure dependence of mixed conduction and photo responsiveness in organolead tribromide perovskites[J]. The Journal of Physical Chemistry Letters, 2017, 8(13): 2944 – 2950.

[34] FROST J M, BUTLER K T, BRIVIO F, et al. Atomistic origins of high – performance in hybrid halide perovskite solar cells[J]. Nano Letters, 2014, 14(5): 2584 – 2590.

[35] AMAT A, MOSCONI E, RONCA E, et al. Cation – induced band – gap tuning in organohalide perovskites: interplay of spin – orbit coupling and octahedra tilting[J]. Nano Letters, 2014, 14(6): 3608 – 3616.

[36] GIORGI G, FUJISAWA J I, SEGAWA H, et al. Cation role in structural and electronic properties of 3D organic – inorganic halide perovskites: A DFT analysis[J]. The Journal of Physical Chemistry C, 2014, 118(23): 12176 – 12183.

[37] PELLET N, GAO P, GREGORI G, et al. Mixed – organic – cation perovskite photovoltaics for enhanced solar – light harvesting[J]. Angewandte Chemie International Edition, 2014, 53(12): 3151 – 3157.

[38] WANG Y, LÜ X, YANG W, et al. Pressure – induced phase transformation, reversible amorphization, and anomalous visible light response in organolead bromide perovskite[J]. Journal of the American Chemical Society, 2015, 137(34): 11144 – 11149.

[39] CHRISTIANS J A, MIRANDA HERRERA P A, KAMAT P V. Transformation of the excited state and photovoltaic efficiency of MAPbI3 perovskite upon controlled exposure to humidified air[J]. Journal of the American Chemical Society, 2015, 137(4): 1530 – 1538.

[40] CONINGS B, DRIJKONINGEN J, GAUQUELIN N, et al. Intrinsic thermal instability of methylammonium lead trihalide perovskite[J]. Advanced Energy Materials, 2015, 5(15): 1500477.

[41] HANUSCH F C, WIESENMAYER E, MANKEL E, et al. Efficient planar heterojunction perovskite solar cells based on formamidinium lead bromide[J]. The Journal of Physical Chemistry Letters, 2014, 5(16): 2791 – 2795.

[42] EPERON G E, STRANKS S D, MENELAOU C, et al. Formamidinium lead trihalide: a

broadly tunable perovskite for efficient planar heterojunction solar cells[J]. Energy & Environmental Science, 2014, 7(3): 982-988.

[43] ZARAZUA I, BISQUERT J, GARCIA - BELMONTE G. Light - induced space - charge accumulation zone as photovoltaic mechanism in perovskite solar cells[J]. The Journal of Physical Chemistry Letters, 2016, 7(3): 525-528.

[44] BERGMANN V W, GUO Y, TANAKA H, et al. Local time - dependent charging in a perovskite solar cell[J]. ACS Applied Materials & Interfaces, 2016, 8(30): 19402-19409.

[45] SARMAH S P, BURLAKOV V M, YENGEL E, et al. Double charged surface layers in lead halide perovskite crystals[J]. Nano Letters, 2017, 17(3): 2021-2027.

[46] GOTTESMAN R, LOPEZ - VARO P, GOUDA L, et al. Dynamic phenomena at perovskite/electron - selective contact interface as interpreted from photovoltage decays[J]. Chem, 2016, 1(5): 776-789.

[47] RAVISHANKAR S, ALMORA O, ECHEVERRÍA - ARRONDO C, et al. Surface polarization model for the dynamic hysteresis of perovskite solar cells[J]. The Journal of Physical Chemistry Letters, 2017, 8(5): 915-921.

[48] ZARAZUA I, HAN G, BOIX P P, et al. Surface recombination and collection efficiency in perovskite solar cells from impedance analysis[J]. The Journal of Chemistry Letters, 2016, 7(24): 5105-5113.

[49] ROY S K, ORAZEM M E, TRIBOLLET B. Interpretation of low - frequency inductive loops in PEM fuel cells[J]. Journal of The Electrochemical Society, 2007, 154(12): B1378-B1388.

[50] SANCHEZ R S, GONZALEZ - PEDRO V, LEE J - W, et al. Slow dynamic processes in lead halide perovskite solar cells. characteristic times and hysteresis[J]. The Journal of Physical Chemistry Letters, 2014, 5(13): 2357-2363.

[51] TAI Q, YOU P, SANG H, et al. Efficient and stable perovskite solar cells prepared in ambient air irrespective of the humidity[J]. Nature Communications, 2016, 7: 11105.

[52] ZOHAR A, KEDEM N, LEVINE I, et al. Impedance spectroscopic indication for solid state electrochemical reaction in (MA) PbI3 Films[J]. The Journal of Physical Chemistry Letters, 2016, 7(1): 191-197.

[53] RUBINSON J F, KAYINAMURA Y P. Charge transport in conducting polymers: insights from impedance spectroscopy[J]. Chemical Society Reviews, 2009, 38(12): 3339-3347.

[54] BAG M, RENNA L A, ADHIKARI R Y, et al. Kinetics of ion transport in perovskite active layers and its implications for active layer stability[J]. Journal of the American Chemical Society, 2015, 137(40): 13130-13137.

[55] Fundamentals of Electrochemical Impedance Spectroscopy[M]. //Impedance spectroscopy. city. https://onlinelibrary.wiley.com/doi/abs/10.1002/9781118164075.ch1.

[56] CAPITANI F, MARINI C, CARAMAZZA S, et al. Locking of methylammonium by pressure -

[57] XIN L, FAN Z, LI G, et al. Growth of Centimeter – sized [(CH$_3$)2NH$_2$] [Mn(HCOO)$_3$] hybrid formate perovskite single crystals and raman evidence of pressure – induced phase transitions[J]. New Journal of Chemistry, 2017, 41(1): 151 – 159.

[58] BERMúDEZ – GARCÍA J M, SÁNCHEZ – ANDúJAR M, CASTRO – GARCÍA S, et al. Giant barocaloric effect in the ferroic organic – inorganic hybrid [TPrA] [Mn(dca)$_3$] Perovskite Under Easily Accessible Pressures [J]. Nature Communications, 2017, 8: 15715.

[59] XIAO Z, YUAN Y, SHAO Y, et al. Giant switchable photovoltaic effect in organometal trihalide perovskite devices[J]. Nature Materials, 2014, 14: 193.

[60] STRANKS S D, EPERON G E, GRANCINI G, et al. Electron – hole diffusion lengths exceeding 1 micrometer in an organometal trihalide perovskite absorber[J]. Science, 2013, 342(6156): 341 – 344.

[61] CAI B, XING Y, YANG Z, et al. High performance hybrid solar cells sensitized by organolead halide perovskites[J]. Energy & Environmental Science, 2013, 6(5): 1480 – 1485.

[62] SWARNKAR A, CHULLIYIL R, RAVI V K, et al. Colloidal CsPbBr$_3$ perovskite nanocrystals: luminescence beyond traditional quantum dots [J]. Angewandte Chemie International Edition, 2015, 54(51): 15424 – 15428.

[63] PROTESESCU L, YAKUNIN S, BODNARCHUK M I, et al. Nanocrystals of cesium lead halide perovskites (CsPbX$_3$, X = Cl, Br, and I): novel optoelectronic materials showing bright emission with wide color gamut[J]. Nano Letters, 2015, 15(6): 3692 – 3696.

[64] LI X, WU Y, ZHANG S, et al. CsPbX$_3$ quantum dots for lighting and displays: room – temperature synthesis, photoluminescence superiorities, underlying origins and white light – emitting diodes[J]. Advanced Functional Materials, 2016, 26(15): 2435 – 2445.

[65] XU Y F, YANG M Z, CHEN B X, et al. A CsPbBr$_3$ perovskite quantum dot/graphene oxide composite for photocatalytic CO$_2$ reduction[J]. Journal of the American Chemical Society, 2017, 139(16): 5660 – 5663.

[66] HAN J S, LE Q V, CHOI J, et al. Air – stable cesium lead iodide perovskite for ultra – low operating voltage resistive switching [J]. Advanced Functional Materials, 2018, 28(5): 1705783.

[67] KULBAK M, GUPTA S, KEDEM N, et al. Cesium enhances long – term stability of lead bromide perovskite – based solar cells[J]. The Journal of Physical Chemistry Letters, 2016, 7(1): 167 – 172.

[68] MIZUSAKI J, ARAI K, FUEKI K. Ionic conduction of the perovskite – type halides[J]. Solid State Ionics, 1983, 11(3): 203 – 211.

[69] MELONI S, MOEHL T, TRESS W, et al. Ionic polarization – induced current – voltage hysteresis in MAPbX$_3$ perovskite solar cells[J]. Nature Communications, 2016, 7: 10334.

[70] PAN D, FU Y, CHEN J, et al. Visualization and studies of Ion – diffusion kinetics in cesium lead bromide perovskite nanowires[J]. Nano Letters, 2018, 18(3): 1807 – 1813.

[71] EAMES C, FROST J M, BARNES P R F, et al. Ionic transport in hybrid lead iodide perovskite solar cells[J]. Nature Communications, 2015, 6: 7497.

[72] NARAYAN R L, SARMA M V S, SURYANARAYANA S V. Ionic conductivity of CsPbCl$_3$ and CsPbBr$_3$[J]. Journal of Materials Science Letters, 1987, 6(1): 93 – 94.

[73] NARAYAN R L, SURYANARAYANA S V. Transport properties of the perovskite – type halides[J]. Materials Letters, 1991, 11(8): 305 – 308.

[74] ZHANG L, ZENG Q, WANG K. Pressure – induced structural and optical properties of Inorganic halide perovskite CsPbBr$_3$[J]. The Journal of Physical Chemistry Letters, 2017, 8(16): 3752 – 3758.

[75] XIAO G, CAO Y, QI G, et al. Pressure effects on structure and optical properties in cesium lead bromide perovskite nanocrystals[J]. Journal of the American Chemical Society, 2017, 139(29): 10087 – 10094.

[76] NAGAOKA Y, HILLS – KIMBALL K, TAN R, et al. Nanocube superlattices of cesium lead bromide perovskites and pressure – induced phase transformations at atomic and mesoscale levels[J]. Adv Mater, 2017, 29(18).

[77] LIANG J, WANG C, WANG Y, et al. All – Inorganic perovskite solar cells[J]. Journal of the American Chemical Society, 2016, 138(49): 15829 – 15832.

[78] TAN Z K, MOGHADDAM R S, LAI M L, et al. Bright light – emitting diodes based on organometal halide perovskite[J]. Nature Nanotechnology, 2014, 9: 687.

[79] YIN W J, WU Y, WEI S H, et al. Engineering grain boundaries in Cu$_2$ZnSnSe$_4$ for better cell performance: a first – principle study [J]. Advanced Energy Materials, 2014, 4(1): 1300712.

[80] ABOU RAS D, SCHMIDT S S, CABALLERO R, et al. Confined and chemically flexible grain boundaries in polycrystalline compound semiconductors [J]. Advanced Energy Materials, 2012, 2(8): 992 – 998.

[81] ZHANG L, DA SILVA J L F, LI J, et al. Effect of copassivation of Cl and Cu on CdTe grain boundaries[J]. Physical Review Letters, 2008, 101(15): 155501.

[82] YIN W J, SHI T, YAN Y. Unique properties of halide perovskites as possible origins of the superior solar cell performance[J]. Advanced Materials, 2014, 26(27): 4653 – 4658.

[83] DE QUILETTES D W, VORPAHL S M, STRANKS S D, et al. Impact of microstructure on local carrier lifetime in perovskite solar cells[J]. Science, 2015, 348(6235): 683 – 686.

[84] XU J, BUIN A, IP A H, et al. Perovskite – fullerene hybrid materials suppress hysteresis in planar diodes[J]. Nature Communications, 2015, 6: 7081.

[85] DE MARCO N, ZHOU H, CHEN Q, et al. Guanidinium: a route to enhanced carrier lifetime and open-circuit voltage in hybrid perovskite solar cells[J]. Nano Letters, 2016, 16(2): 1009-1016.

[86] THIND A S, LUO G, HACHTEL J A, et al. Atomic structure and electrical activity of grain boundaries and ruddlesden-popper faults in cesium lead bromide perovskite[J]. Advanced Materials, 2019, 31(4): 1805047.

[87] EGGER D A, KRONIK L, RAPPE A M. Theory of hydrogen migration in organic-inorganic halide perovskites[J]. Angewandte Chemie International Edition, 2015, 54(42): 12437-12441.

[88] AZPIROZ J M, MOSCONI E, BISQUERT J, et al. Defect migration in methylammonium lead Iodide and its role in perovskite solar cell operation[J]. Energy & Environmental Science, 2015, 8(7): 2118-2127.

[89] HARUYAMA J, SODEYAMA K, HAN L, et al. First-principles study of ion diffusion in perovskite solar cell sensitizers[J]. Journal of the American Chemical Society, 2015, 137(32): 10048-10051.

[90] YIN W J, SHI T, YAN Y. Unusual defect physics in $MAPbI_3$ perovskite solar cell absorber[J]. Applied Physics Letters, 2014, 104(6): 063903.

[91] ANDRADE C. Calculation of chloride diffusion coefficients in concrete from Ionic migration measurements[J]. Cement and Concrete Research, 1993, 23(3): 724-742.

[92] HOKE E T, SLOTCAVAGE D J, DOHNER E R, et al. Reversible photo-induced trap formation in mixed-halide hybrid perovskites for photovoltaics[J]. Chemical Science, 2015, 6(1): 613-617.

[93] LIN Q, ARMIN A, NAGIRI R C R, et al. Electro-optics of perovskite solar cells[J]. Nature Photonics, 2014, 9: 106.

[94] GOTTESMAN R, HALTZI E, GOUDA L, et al. Extremely slow photoconductivity response of $MAPbI_3$ perovskites suggesting structural changes under working conditions[J]. The Journal of Physical Chemistry Letters, 2014, 5(15): 2662-2669.

[95] KIM G Y, SENOCRATE A, YANG T Y, et al. Large tunable photoeffect on ion conduction in halide perovskites and implications for photodecomposition[J]. Nature Materials, 2018, 17(5): 445-449.

[96] SELIG O, SADHANALA A, MÜLLER C, et al. Organic cation rotation and immobilization in pure and mixed methylammonium lead-halide perovskites[J]. Journal of the American Chemical Society, 2017, 139(11): 4068-4074.

第6章 高压下 $CsPbBr_3$ 的电输运和光电性质

6.1 $CsPbBr_3$ 的研究背景

有机-无机杂化钙钛矿包括卤化铅钙钛矿和金属甲酸钙钛矿(如[$(CH_3)_2$ NH_2][$Mn(HCOO)_3$])[1-2],由于其优异的光伏、光电和铁电或多铁性质受到了广泛关注[1-6]。特别是有机-无机杂化钙钛矿(HOIP)太阳能电池的转化效率已经超过了23%[7]。钙钛矿太阳能电池的结构有传统和倒置两种结构如图6.1所示。这两种结构的优点是可以暴露介观金属氧化物层,使制备过程更加容易[8]。无论是哪种结构的电池都包含五层:中间层的钙钛矿吸收层、空穴传输层(HTL)、电子传输层(ETL)、阴极和阳极。每一层用不同的材料都会改变钙钛矿电池的转化效率,如Jaemin Lee等利用一种新的氟端空穴材料命名为DM,制备出了效率为23.2%的高效稳定钙钛矿太阳能电池[7]。本书主要研究压力作用下钙钛矿材料的电输运性质,因此只考虑钙钛矿层。

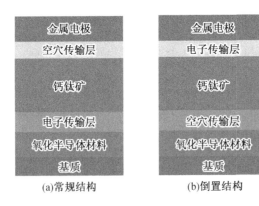

图6.1 钙钛矿电池器件结构

在卤化物钙钛矿中,$MAPbI_3$以及其掺杂的同类物转化效率都很高,但是有机钙钛矿的缺点是其不稳定性。所以科学家们把目光转移到全无机钙钛矿上。在各种各样的钙钛矿材料中，溴化铯铅（$CsPbBr_3$）钙钛矿相比于有机-无机钙钛矿化合物，具有更出色的光电性能[9-11]、优越的热稳定性和防潮性[12,13]，使其成为未来光伏器件的理想备选材料。例如，Cahen 等用类似的方法合成出 $CsPbBr_3$ 和 $MAPbBr_3$，沉积在二氧化钛支架上，用聚芳基胺基衍生物作为空穴传输材料制作出电池器件。对比两个电池器件在 AM1.5 照明条件下的光伏性能，转化效率约为 6%。进一步对比发现，Cs-基电池器件老化（在黑暗条件下湿度为 15%~20% 空气环境储存两周）后，在恒定光照条件（最大功率）和电子束照射条件，Cs-基电池器件和 MA-基电池器件一样有效，并且比 MA-基电池器件更稳定[14]。

$CsPbBr_3$ 很早就被证明是离子导体，里面迁移的离子是 Br^- 和 Cs^{+} [15-18]。$CsPbBr_3$ 中的离子传输对温度敏感，因为在温度作用下 $CsPbBr_3$ 发生温致相变，进而调节 $CsPbBr_3$ 的离子传输[15,19-20]。与温度相同，压力作为另一个纯净的热力学参量，同样可以实现对物质的晶格结构和电子结构的调控，而不会引入其他杂质。$CsPbBr_3$ 体材料和纳米材料在高压下的结构演变和光学性质已经被报道[21-23]。Chen 等文献中[23]使用的超晶格 $CsPbBr_3$ 纳米立方体样品在常压条件的初始相是立方相和正交相的混合相。在 0.4 GPa，超晶格 $CsPbBr_3$ 纳米立方体从混合相变为纯的正交相，正交相保持到 5.1 GPa。继续增加压力，(112)(020) 和 (200) 峰开始合并成一个峰，说明超晶格 $CsPbBr_3$ 纳米立方体开始非晶。Chen 认为在非晶过程中存在一个中间相为四方相。伴随着结构相变，$CsPbBr_3$ 单晶纳米片的 PL 最开始发生蓝移，并在 0.1 GPa 时强度增加到六倍。随后 PL 开始发生红移，直到 1.3 GPa 左右检测不到 PL 信号。相比于初始的超晶格 $CsPbBr_3$ 纳米立方体，卸压后样品的 PL 强度仍然保持 1.6 倍的增强说明压力处理后延长了整体的寿命。Zou 等对 $CsPbBr_3$ 纳米晶和体材料进行了高压光学实验。他们使用的 $CsPbBr_3$ 纳米晶的初始结构是纯的正交相结构，在 1.2 GPa 时发生了等结构相变，这个结果与 Chen 等的不同是因为样品的初始相不同。在 PL 测量中，并没有发现蓝移过程，他们归因于具有高表面能的 $CsPbBr_3$ 纳米立方体的相变间隔太短。同时他们也发现带隙变窄载流子寿命延长的性质。在 $CsPbBr_3$ 体材料的高压实验中，同样发现纯正交相的 $CsPbBr_3$ 体材料在 1.2 GPa 时发生一个等结构相变。体材料的初始带隙为 2.32 eV，而纳米材料中的初始带隙为 2.52 eV。在加压过程中体材料的最窄带隙为 2.29 eV，而纳米材料的最窄带隙为 2.41 eV。压力作用下 $CsPbBr_3$ 体材料和纳米材料带隙演变如图 6.2 和图 6.3 所示。

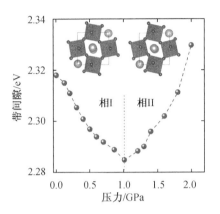

图 6.2　$CsPbBr_3$ 体材料在压力作用下的带隙演变[21]

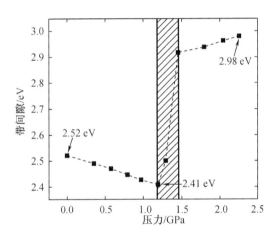

图 6.3　$CsPbBr_3$ 纳米材料在压力下的带隙演变[22]

$CsPbBr_3$ 材料的在高压下的结构演变信息和光学性质已经清楚,然而,到目前为止,还没有系统的实验研究高压下 $CsPbBr_3$ 的离子传输性质。因此,压力如何调节 $CsPbBr_3$ 的离子传输行为尚不明确。此外,优异的光电性能与钙钛矿太阳电池的转化效率息息相关。之前的研究结果表明,压力可以显著提升有机-无机杂化钙钛矿的光电性能,如图 6.4 所示,无论是 $MAPbI_3$ 还是 $MAPbBr_3$ 在 1.0 GPa 左右,光电性能都得到了改善[24-25]。然而压力能否提升全无机钙钛矿的光电性能仍然需要进一步证实。

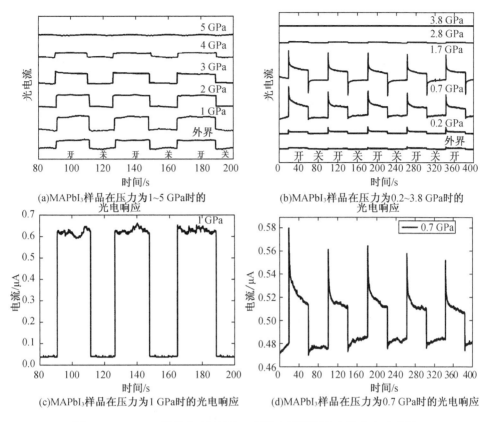

图 6.4　MAPbI₃ 样品和 MAPbBr₃ 样品在不同压力点的光电响应图

纳米/微米 $CsPbBr_3$ 多晶薄膜主要应用于太阳能电池、发光二极管和激光领域[26-28]。其中大量的晶界对光伏器件的性能起着至关重要的作用。在传统的多晶半导体吸收材料中,如 $Cu_2ZnSnSe_4$、[29] $Cu(In,Ga)Se_2$[30] 和 CdTe 等[31],晶界对相应的光伏器件的转化效率有非常不利的影响。但是在卤化物钙钛矿材料中,晶界是良性的[32]或者说有利于电荷的传输[33]。而且晶界被认为是非辐射复合中心,晶界的钝化可以改善载流子的分离[33-36]。压力能够使晶粒细化,产生大量的晶界,在高压下晶界如何影响 $CsPbBr_3$ 的电输运性质还不明确,因而需要进一步研究。

为了解决以上提出的问题,本章节将系统阐述高压下 $CsPbBr_3$ 材料电输运性质。首先以 $CsPbBr_3$ 粉末样品为研究对象,因为 $CsPbBr_3$ 粉末样品中含有大量晶界,可以体现晶界在电输运中扮演的角色。此外对 $CsPbBr_3$ 单晶样品进行高压测试,因为 $CsPbBr_3$ 单晶样品中不含晶界,这样通过对比单晶和粉末的实验结果就可以说明晶界的作用。测量过程中采用的是交流阻抗谱的测量方法,交流阻抗谱可以区分材料中的传导过程如电子传导、离子传导或混合传导。交流阻抗谱还可以区分出晶粒和晶界对电阻的贡献。此外对粉末样品进行光电流测量实验,来观测光电流在压力作用下的演变过程。最后从电子和离子角度分析了 $CsPbBr_3$ 材料在高压下电输运性质演变的内部机制,并讨论离子传导对光电性质的影响。

6.2　高压下 $CsPbBr_3$ 的电输运性质

实验中用到的 $CsPbBr_3$ 粉末样品是从西安宝莱特光电科技有限公司购买的,样品纯度大于99%。考虑到 $CsPbBr_3$ 粉末样品对外界环境(温度,光照,湿度)非常敏感,因此把 $CsPbBr_3$ 粉末样品存放在充满氮气保护的手套箱中。在每次进行高压电学实验室之前,为了检测 $CsPbBr_3$ 样品是否变质,对 $CsPbBr_3$ 粉末样品进行 XRD 测试和 SEM 测试,得到的 XRD 图谱和 SEM 图如图 6.5 和 6.6 所示。把 $CsPbBr_3$ 样品的所有衍射峰与前人报道对比,可以确定 $CsPbBr_3$ 粉末样品的初始是纯的正交相结构,说明 $CsPbBr_3$ 粉末样品保持完好,并且纯度很高。粉末样品的粒度大约在 3 μm。实验中用到的 $CsPbBr_3$ 单晶样品是从 Chemsoon 公司购买的,单晶样品照片如图 6.7 所示。

图 6.5　$CsPbBr_3$ 粉末样品的扫描电镜图

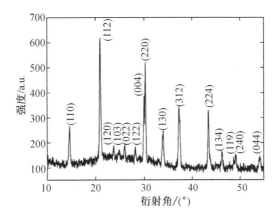

图 6.6　CsPbBr$_3$ 粉末样品的 XRD 图谱

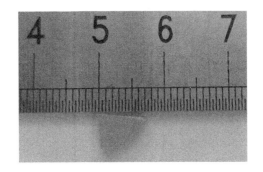

图 6.7　CsPbBr$_3$ 单晶样品的照片

高压原位阻抗谱测量用来表征离子半导体 CsPbBr$_3$ 粉末样品的电输运性质。如图 6.8 所示显示了 CsPbBr$_3$ 粉末样品的高压阻抗图谱的 Nyquist 图。从图中可以清楚地观察到阻抗谱随压力的依赖关系。从常压到 9.2 GPa，阻抗谱根据它们的形状和变化趋势可以分为三组如图 6.8(a)、6.8(b) 和 6.8(c) 所示。低于 2.3 GPa 时，阻抗谱表现出两个明显的电传输机制。第一个接近原点的高频区的半圆弧代表离子或电子围绕晶格格点在高频区前后震动过程。半圆弧的直径代表的是转移电阻用来表征离子或电子在晶格中传输的难易程度。低频区倾斜的直线代表在低频时，材料中离子扩散的传质过程。实验结果表明，在 CsPbBr$_3$ 粉末样品中的电输运机制是包含电子和离子的混合传导如图 6.8(a) 和图 6.8(b) 所示。当压力超过 2.3 GPa 以后，倾斜的直线消失，表明纯的电子传导主导 CsPbBr$_3$ 粉末样品的电输运过程如图 6.8(c) 所示。

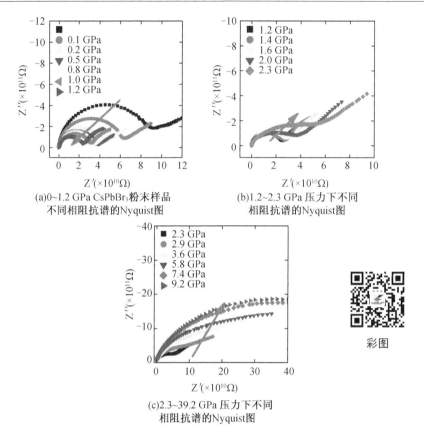

图 6.8 CsPbBr$_3$ 粉末样品在不同压力下不同相阻抗谱的 Nyquist 图

通过等效电路拟合可以有效地分析压力条件下 CsPbBr$_3$ 粉末样品的电输运性质。根据图 6.8 中 CsPbBr$_3$ 粉末样品阻抗谱的形状和变化趋势,选择三个等效电路对阻抗谱进行拟合。如图 6.9(a)所示,利用图中的等效电路(电路1),选择 0.5 GPa 的阻抗谱作为实例解释说明 CsPbBr$_3$ 粉末样品中的电子和离子输运过程。在电路 1 中,R_i 和 R_e 分别代表电子和离子电阻,在等效电路中是并联关系。W 代表离子传输的 Warburg 阻抗元件,CPE 代表的是常相位角元件。其阻抗为

$$Z = \frac{1}{\frac{1}{R_e} + \frac{1}{R_i + Z_W} + \frac{1}{Z_Q}} \tag{6.1}$$

式中 Z_W——Warburg 等效元件的阻抗;

Z_Q——常相位角 CPE 算效元件的阻抗。

在压力低于 2.3 GPa,阻抗谱中的半圆弧是高度对称的,因此无法准确地区

分晶粒和晶界对总电阻的贡献。因为代表晶粒和晶界的时间常数(弛豫峰)交叠在一起,在拟合过程中,晶粒电阻和晶界电阻会出现很大误差。在 2.3 GPa 压力点,高度对称的半圆转变成两个弧,可以清楚地区分晶粒和晶界对电阻的贡献。所以选择 6.9(b) 中的等效电路 2 对阻抗谱进行拟合。在电路 2 中其阻抗为

$$Z = \frac{1}{\frac{1}{R_{eb}} + \frac{1}{R_{ib} + Z_{Wb}} + \frac{1}{Z_{Qb}}} + \frac{1}{\frac{1}{R_{egb}} + \frac{1}{R_{igb} + Z_{Wgb}} + \frac{1}{Z_{Qgb}}} \tag{6.2}$$

式中 R_{ib}——晶粒中的离子电阻;

R_{igb}——晶界中的离子电阻;

R_{eb}——晶粒中的电子电阻;

R_{egb}——晶界中的电子电阻;

Z_{wb}——晶粒中的 Warburg 等效元件的阻抗;

Z_{wgb}——晶界中的 Warburg 等效元件的阻抗;

Z_{Qb}——晶粒中常相位角 CPE 等效元件的阻抗;

Z_{Qgb}——晶界中常相位角 CPE 等效元件的阻抗。

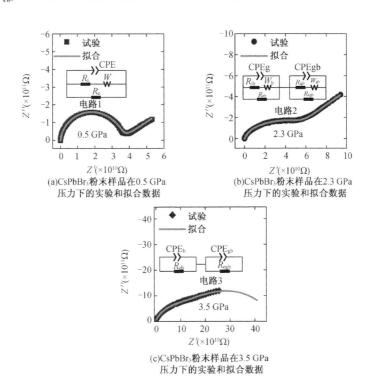

图 6.9 CsPbBr$_3$ 粉末样品在不同压力下的实验和拟合数据

当所施加的压力超过 2.3 GPa 时,Warburg 阻抗消失只有电子传导,因此需要使用另一个等效电路电路 3(如图 6.9(c))对阻抗谱进行拟合。在图 6.9(c)中,选择 3.5 GPa 的阻抗谱为例来说明电子在晶界和晶粒中的传输过程。在电路 3 中,其阻抗为

$$Z = \frac{1}{\frac{1}{R_{eb}} + \frac{1}{Z_{Qb}}} + \frac{1}{\frac{1}{R_{egb}} + \frac{1}{Z_{Qgb}}} \tag{6.3}$$

通过三个等效电路对 $CsPbBr_3$ 粉末样品的阻抗谱进行拟合,得到了 $CsPbBr_3$ 粉末样品中电输运的具体参数。详细的拟合参数图表 6.1 所示。

表 6.1 详细拟合参数

电路 1	$CPE_1 - T$	$CPE_1 - P$	R_i	$W_1 - R$	$W_1 - R$	$W_1 - R$	R_e
	3.40×10^{-13}	0.933	3.452×10^{10}	4.06×10^{12}	1.51×10^7	0.377	3.2×10^{12}
电路 2	$CPE_b - T$	$CPE_b - P$	R_{ib}	$W_b - R$	$W_b - R$	$W_b - R$	R_{eb}
	2.60×10^{-12}	0.78	4.0×10^{10}	4.67×10^{10}	5	0.4	2.6×10^{10}
	$CPE_{gb} - T$	$CPE_{gb} - P$	R_{igb}	$W_{gb} - R$	$W_{gb} - R$	$W_{gb} - R$	R_{egb}
	7.20×10^{-12}	0.72	3.790×10^{10}	3.66×10^{10}	4.8	0.32	2.8×10^{11}
电路 3	$CPE_b - T$	$CPE_b - P$	R_{eb}	$CPE_{gb} - T$	$CPE_{gb} - P$	R_{egb}	
	1.58×10^{-12}	0.6796	1.292×10^{11}	6.47×10^{-12}	0.6855	3.48×10^{11}	

利用电路 1 对阻抗谱进行拟合,得到了从常压到 2.3 GPa 压力区间内,R_i、R_e 和 R_{total} 与压力的依赖关系。其中 $R_{total} = R_i R_e /(R_i + R_e)$。利用电路 3 对阻抗谱进行拟合,得到从 2.8 GPa 到 9.2 GPa 压力区间内 R_b、R_{gb} 和 R_{total} 与压力的依赖关系。电学参数随压力的变化如图 6.10(a)所示。从图中可以观察到,电学参数 R_i、R_e 和 R_{total} 在 1.2 GPa 时均发生了不连续变化,这种现象归因于 $CsPbBr_3$ 粉末样品在压力作用下,在 1.2 GPa 处发生由正交相(相Ⅰ)到正交相(相Ⅱ)的等结构相变。从常压到 2.3 GPa 的压力区间内,R_e 的数值总是高于 R_i 数值 1~2 个数量级。因此从常压到 2.3 GPa,是离子传导主导 $CsPbBr_3$ 粉末样品的电输运过程。这也是总电阻几乎与离子电阻相同的原因。

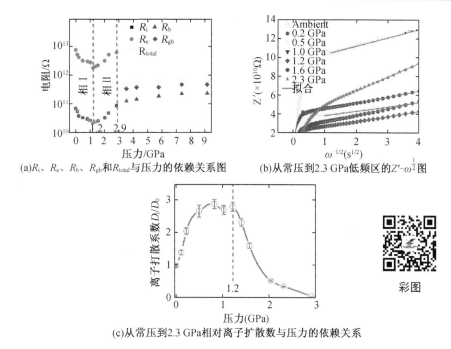

(a) R_i、R_e、R_b、R_{gb} 和 R_{total} 与压力的依赖关系图
(b) 从常压到 2.3 GPa 低频区的 $Z'-\omega^{-\frac{1}{2}}$ 图
(c) 从常压到 2.3 GPa 相对离子扩散数与压力的依赖关系

图 6.10（续）

为了方便讨论 CsPbBr$_3$ 中电学参数变化的内在机制，首先我们以 MAPbI$_3$ 为例说明 HOIPs 中的离子迁移和迁移通道。在 MAPbI$_3$ 中所有的离子都可能参与迁移，如 I$^-$、Pb^{2+} 和 MA$^+$。其他参与迁移的离子可能来源于材料的分解或污染，例如 H$^+$ 离子[37]。理论工作者通过第一性原理计算得到了不同离子的活化能。Eames 等通过理论计算对比 MAPbI$_3$ 中 I$^-$、Pb^{2+} 和 MA$^+$ 的活化能，认为 I$^-$ 是最有可能迁移的离子[18]。在他们的模型当中，I$^-$ 沿着 PbI$_6$ 八面体 I$^-$ - I$^-$ 边缘上略微弯曲的通路上移动（如图 6.11(a) 路径 A），具有最小的活化能 E_A 为 0.58 eV。在 (100) 面的 MA$^+$ 沿着 <100> 方向（如图 6.11(b) 路径 D）传输，其活化能 E_A 为 0.84 eV。Pb^{2+} 沿着 <100> 方向晶胞的对角线移动（图 6.11(b) 路径 B），其活化能 E_A 为 2.31 eV。离子移动路径的示意图如 6.11 所示。Eames 等用偏压预处理的光电流弛豫实验中得到的 I$^-$ 移动的活化能 E_A 为 0.60～0.68 eV，实验得到的数值与理论的结果相近。因此，认为 MAPbI$_3$ 中主要参与迁移的大多数离子是 I$^-$，在 320K 时的离子扩散系数约为 10^{-12} cm^2 s^{-1}。在其他理论计算的工作中，Azpiroz 等人计算得到 I$^-$、Pb^{2+} 和 MA$^+$ 的活化能分别为 0.08 eV、0.80 eV 和 0.46 eV[38]。由于计算得到 I$^-$ 的活化能很小，Azpiroz 认为 I$^-$ 可以在 1 μs 内迁移穿过 MAPbI$_3$ 薄膜，这个时间发生得太快而不能解释 MAPbI$_3$ 器件中的迟滞效应（时间尺度在

0.1~100 s)。因此 Azpiroz 认为 MAPbI$_3$ 中主要参与迁移的大多数离子是 MA$^+$ 和 Pb^{2+}。随后,Haruyama 等人得到 I$^-$ 迁移的活化能 E_A 为 0.33 eV,MA$^+$ 迁移的活化能 E_A 为 0.55 eV[39]。虽然利用不同的理论计算方法得到不同活化能的值,但是他们一致认为,I$^-$ 比 MA$^+$ 和 Pb^{2+} 更容易迁移。值得注意的是,这些模型都没有考虑通过间隙位点的离子迁移(Frenkel 缺陷)。而理论计算得到 I$^-$ 和 MA$^+$ 的 Frenkel 缺陷形成能分别为 0.23~0.83 eV 和 0.20~0.93 eV,其数值与 I$^-$ 和 MA$^+$ 的活化能非常接近[40],这表明理论工作者在研究和理解 HOIPs 中的离子迁移现象时需要考虑其他离子迁移路径。H$^+$ 的离子半径最小,因此被认为是唯一通过 Frenkel 缺陷进行迁移的离子,Egger 等计算得到活化能 E_A 为 0.29 eV。CsPbBr$_3$ 与 MAPbI$_3$ 具有相似的钙钛矿结构,因此我们在接下来的讨论当中认为 CsPbBr$_3$ 中的离子迁移和迁移路径是相同的,即阳离子和卤族离子的迁移。

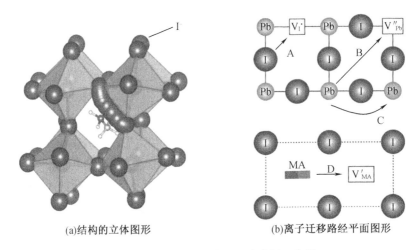

(a)结构的立体图形　　　　　(b)离子迁移路经平面图形

图 6.11　MAPbI$_3$ 中离子迁移路径示意图

从图 6.10(a)中可以观察到,在 I 相中,离子电阻 R_i 随着压力的增加而减小;在相 II 中,R_i 随着压力的增加而增大。众所周知,离子电阻与离子的扩散系数相关[41]。因此用离子扩散系数随压力的变化来解释离子电阻的变化。为了得到 CsPbBr$_3$ 粉末样品的相对离子扩散系数,绘制 Z' 与 $\omega^{-\frac{1}{2}}$ 函数关系图如图 6.10(b)所示。在低频区,表现出的是线性关系,直线的斜率代表的 Warburg 系数。通过获得的 Warburg 系数可以得到随压力变化的相对离子扩散系数如图 6.10(c)所示。在相 I 中,相对离子扩散系数随压力的增加而增加,这是因为随着压力的增加,晶格参数减小,离子的传输距离变短,压力使离子在晶格中的扩散变得容易,从而使离子电阻随着压力的增加而减小。在Ⅱ相中,相对离子扩散系数随着压力的增加而减小,这是因为在Ⅱ相中,Pb-Br键和PbBr₆八面体扭曲发生畸变,虽然离子的传输距离变短,但是离子传输通道慢慢闭合阻碍了离子的传输,压力使离子在晶格中的扩散变得困难,进而使得离子电阻随压力的增加而增大。

从常压到1.2 GPa,电子电阻随压力的增加而减小。随后,随着压力的增加,电子电阻不断增大。这是因为在Ⅰ相中,$CsPbBr_3$粉末样品的禁带宽度随着压力的增加不断变窄,电子电阻逐渐减小。在Ⅱ相中,带隙开始展宽,因此电子电阻不断增加。2.3 GPa之后,离子传导消失,电子传导是$CsPbBr_3$粉末样品中唯一的传导机制。所施加的压力超过2.3 GPa,$CsPbBr_3$粉末样品开始非晶化,$CsPbBr_3$内部的晶界逐渐增多,这是由于压力诱导晶粒细化所致。在阻抗谱中可以明显地区分代表晶粒和晶界的半圆弧。晶粒电阻R_b总是大于晶界电阻R_{gb},说明晶界对总电阻的贡献要高于晶粒。在2.8 GPa之后,晶粒电阻、晶界电阻和总电阻随压力的增加而增大是因为结构无序和非晶化造成的。

晶界会严重影响材料的电输运性质,因此不知道在$CsPbBr_3$粉末样品发现的压力诱导电子或离子混合传导到纯电子传导是否是本征性质。为了解决这个问题,对$CsPbBr_3$单晶样品进行高压原位阻抗谱的测量。$CsPbBr_3$单晶样品中的晶界作用可以排除掉。不同压力点下$CsPbBr_3$单晶样品阻抗谱测试电极图如图6.12所示。在加压过程当中$CsPbBr_3$单晶保持完整,电极位置没有改变。在加压过程中,$CsPbBr_3$单晶的颜色发生变化,这与$CsPbBr_3$单晶在压力作用下光吸收的变化有关。

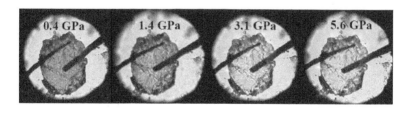

图 6.12 不同压力点下 $CsPbBr_3$ 单晶样品阻抗谱谱测量电极图

$CsPbBr_3$单晶样品的阻抗谱Nyquist图如图6.13所示。从常压到6.8 GPa,根据阻抗谱的形状和变化趋势也可以分为三组。在压力低于2.3 GPa时,$CsPbBr_3$单晶样品中存在电子和离子传导如图6.13(a)和6.13(b)所示。当施加的压力超过2.3 GPa以后,$CsPbBr_3$单晶样品中只有电子传导。单晶中没有晶界和缺陷的影响,所以在整个压力区间内,高频区的半圆弧一直保持高度对称性,即使在非晶时,依然保持一个半圆弧。对比 $CsPbBr_3$ 单晶样品和粉末样品的阻抗谱,可以发现两个样品具有相似的电输运性质:(1)在压力作用下,电输运参数的变化趋势相同;(2)在 2.3 GPa 处,均发现了压力诱导电子或离子混合导电 – 纯电子导电转变过程。唯一不同的是两个样品在压力作用下的电输运参数上有差异。我们把它们的不同归因于晶界对电输运性质的影响。综上,可以得到结论,压力诱导的电子或离子混合导电 – 纯电子导电转变是 $CsPbBr_3$ 样品的本征性质。而晶界只影响材料中电子电阻以及离子电阻的值,不会对其本征性质产生影响。

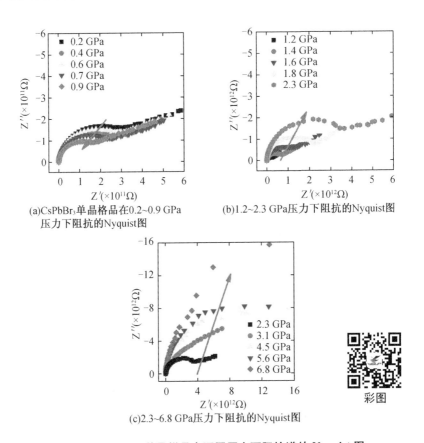

图 6.13　$CsPbBr_3$ 单晶样品在不同压力下阻抗谱的 Nyquist 图

6.3 高压下 CsPbBr$_3$ 的光电导

光电流参数反应的是光伏材料对光的获取能力。对 CsPbBr$_3$ 粉末样品进行了高压原位光电流测量实验。总电流包括暗电流和光电流。图 6.14 显示了 CsPbBr$_3$ 粉末样品的光电流与压力的依赖关系和 1.4 GPa 时的光电流值。如图 6.14(a) 所示,CsPbBr$_3$ 粉末样品在高压下的光电流值明显高于常压测到的光电流。在 1.4 GPa 时,光电流达到最大值,随后光电流开始减小,到 2.8 GPa 以后没有明显的光电响应。从 0.1~2.3 GPa 压力区间内,光照打开时,电流值迅速增加,这是因为光电导产生的是内部载流子,进而减小半导体的电阻。在黑暗条件下对 CsPbBr$_3$ 粉末样品施加一个偏压 V_{ds},CsPbBr$_3$ 在初始时的暗电流为 I_{dark}(图 6.15(a))。在光照条件下,吸收光子的能量高于带隙,产生电子–空穴对。电子和空穴在外电场的作用下分离,以相反的方向向电极移动,导致电流(I_{photo})的净增加。这种光生电流增加了 CsPbBr$_3$ 的暗电流,降低内部电阻,如图 6.15(c) 和 6.15(d) 所示。

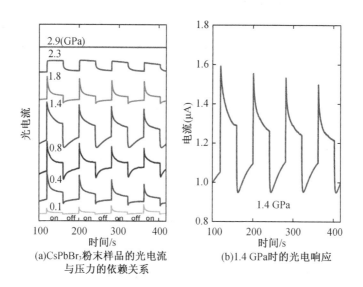

(a) CsPbBr$_3$ 粉末样品的光电流与压力的依赖关系

(b) 1.4 GPa 时的光电响应

图 6.14　CsPbBr$_3$ 粉末样品的光电流与压力的依赖关系和 1.4 GPa 时的光电响应

值得注意的是,在每次打开光照时,电流迅速上升形成一个尖锐的针状的峰,然后电流值慢慢减小直到光照关闭。种现象归因于 $CsPbBr_3$ 样品中的离子传导。光照对 HOIPs 中的离子迁移的作用一直是一个悬而未决的问题,多个实验结果表明,光照能显著的触发离子迁移。Hole 等研究表明 $MAPbI_{3-x}Br_x$ 多晶薄膜在 1 光流明条件下经过数十秒后会发生严重的相分离,这是卤族离子的迁移和再分配导致的[42]。卤族离子测得的活化能为 0.27 eV,与其他卤化物钙钛矿的活化能非常接近,如 $CsPbCl_3$ 和 $CsPbBr_3$ 等。当薄膜处于黑暗条件下几分钟以后,这种卤化物分离是可逆的,说明 $MAPbI_{3-x}Br_x$ 多晶薄膜在黑暗和光照条件下分别有不同的稳定状态。离子易迁移的特征使 $MAPbI_{3-x}Br_x$ 多晶薄膜在这些亚稳态之间转化,因此需要更多的研究确定这种分解是否是失稳分解。Bag 等人用电学阻抗谱的方法研究了 $MAPbI_3$ 和 $FAPbI_3$ 薄膜中的离子迁移[43]。在他们的阻抗谱实验中,只有在光照条件下发现了明显的离子迁移现象,在阻抗谱中表现为在低频区代表 Warburg 阻抗部分的倾斜的直线。光照对离子迁移的重要性也已经通过排除红外热效应的方法证实。另外,Juarez-Perez 等报道,在 1 光流明条件下 $MAPbI_{3-x}Cl_x$ 的介电常数(频率范围在 0.05~1 Hz,频率与离子迁移的时间尺度相近)增长了近 1 000 倍[44]。巨介电常数最初的解释是光诱导的电荷载流子可能导致晶格扭曲,进而增加介电常数。随后认为,离子迁移可能是产生巨介电常数的原因,因为介电常数与静介电常数是 $1/f$ 的依赖关系[44]。Gottesman 等认为钙钛矿的晶格结构在光流明条件下会变软[45]。他们理论计算工作表明 MA^+ 和无机框架之间的结合能减少,这可能是光子增强离子迁移的一个促成因素。综合前人报道可以得到一个结论:在 HOIPs 材料中,光照会明显增加 HOIPs 中离子迁移的数目。

因此可以从光增强离子迁移的角度对 $CsPbBr_3$ 样品光电流现象的物理解释如下:$CsPbBr_3$ 样品中的离子可以分为两个部分,无光照黑暗条件下参与迁移的离子和有光照条件时光激发出来参与迁移的离子[46]。对于黑暗条件下参与迁移的离子,沿着外电场进行移动(外部电压为 5V),离子迁移到钙钛矿或电极的接触点并在接触点聚集,因此形成一个内建电场,经过一段时间内后,内建电场和离子迁移达到平衡。当有光照射后,$CsPbBr_3$ 样品中大量的光生电子或空穴和光激发参与迁移的离子迅速出现,因此光电流急剧增加。对于光生电子或空穴,它们可以自由地穿过钙钛矿-电极界面。但是对于光激发出来参与迁移的离子,离子沿着外电场的方向迁移,并在钙钛矿-电极界面积累形成一个新的内建电场,随着时间的推移,新的内建电场越来越大并且方向与外电场方向相反,因此会消耗外电场,从而导致光电流逐渐减小。当光照关闭时,光生的电子或空穴会迅速在原地猝灭,光电流迅速减小。但是光激发出来的离子不能再原地猝灭,它们中的大部分离子必须迁移很长的距离到达空的间隙位置进行猝灭,因此聚集在钙钛矿-电极界面处的离子需要相当长的一段时间才能离开界面。从而引发下面一系列的结果:内建电场逐渐减小、净电场的逐渐增加和暗电流的逐渐增加。光生载流子的复合和晶格畸变也是光电流出现尖锐峰的原因[25,47-48]。在2.3 GPa的压力点,CsPbBr$_3$样品中的离子传导消失,对应的光电流中的尖锐的峰消失。当压力超过2.8 GPa,CsPbBr$_3$样品中没有明显的光电响应信号。

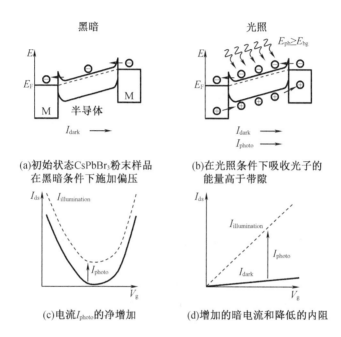

(a) 初始状态CsPbBr$_3$粉末样品在黑暗条件下施加偏压

(b) 在光照条件下吸收光子的能量高于带隙

(c) 电流I_{photo}的净增加

(d) 增加的暗电流和降低的内阻

图6.15 光电流产生示意图

利用金刚石对顶砧高压技术对CsPbBr$_3$样品进行高压原位交流阻抗谱和光电流测量。交流阻抗谱测量结果显示,随着压力的增加,CsPbBr$_3$粉末的电学参数在1.2 GPa和2.8 GPa发生不连续变化,这是由CsPbBr$_3$粉末分别在1.2 GPa和2.8 GPa发生(Pbnm)到(Pbnm)的等结构相变和非晶化导致的。利用不同的等效电路拟合得到了电子电阻、离子电阻、晶界电阻、晶粒电阻和离子扩散系数等随压力的依赖关系,并用离子扩散系数解释了离子电阻变化的原因。通过对比CsPbBr$_3$粉末和单晶的阻抗谱数据,发现这两个样品在2.3 GPa处均发生了离子或电子混合传导到纯电子传导的转变。因此可以认为压力诱导的离子或电子传导到电子传导的性质在CsPbBr$_3$中是CsPbBr$_3$的本征的性质。晶界会影响阻抗的值,但不会影响其变化趋势。光电流测量结果显示,压力可以提升CsPbBr$_3$的光电响应,光电流的最大值在1.4 GPa。电流在开光时快速上升随后逐渐减小直到光照关闭,在开光时形成一个尖锐的峰,这与离子迁移有关。开光后光激发迁移的离子在样品内部形成内建电场,方向与外电场方向相反,随着时间的推移,内建电场逐渐增大消耗外电场,进而光电流逐渐下降。本工作不仅对$CsPbBr_3$微观电输运性质有了深入了解,并且认为$CsPbBr_3$-基器件的转化效率可以通过压力来改善。

参 考 文 献

[1] XIN L, FAN Z, LI G, et al. Growth of centimeter-sized [(CH$_3$)$_2$NH$_2$][Mn(HCOO)$_3$] hybrid formate perovskite single crystals and raman evidence of pressure-induced phase transitions[J]. New Journal of Chemistry, 2017, 41(1): 151-159.

[2] BERMÚDEZ-GARCÍA J M, SÁNCHEZ-ANDÚJAR M, CASTRO-GARCÍA S, et al. Giant barocaloric effect in the ferroic organic-inorganic hybrid [TPrA][Mn(dca)$_3$] perovskite under easily accessible pressures[J]. Nature Communications, 2017, 8: 15715.

[3] LEE M M, TEUSCHER J, MIYASAKA T, et al. Efficient hybrid solar cells based on meso-superstructured organometal halide perovskites[J]. Science, 2012, 338(6107): 643-647.

[4] XIAO Z, YUAN Y, SHAO Y, et al. Giant wwitchable photovoltaic effect in organometal trihalide perovskite devices[J]. Nature Materials, 2014, 14: 193.

[5] STRANKS S D, SNAITH H J. Metal-halide perovskites for photovoltaic and light-emitting devices[J]. Nature Nanotechnology, 2015, 10: 391.

[6] STRANKS S D, EPERON G E, GRANCINI G, et al. Electron-hole diffusion lengths exceeding 1 micrometer in an organometal trihalide perovskite absorber[J]. Science, 2013, 342(6156): 341-344.

[7] JEON N J, NA H, JUNG E H, et al. A fluorene-terminated hole-transporting material for highly efficient and stable oerovskite solar cells[J]. Nature Energy, 2018, 3(8): 682-689.

[8] CAI B, XING Y, YANG Z, et al. High performance hybrid solar cells sensitized by organolead halide perovskites[J]. Energy & Environmental Science, 2013, 6(5): 1480-1485.

[9] SWARNKAR A, CHULLIYIL R, RAVI V K, et al. Colloidal $CsPbBr_3$ perovskite nanocrystals: luminescence beyond traditional quantum dots[J]. Angewandte Chemie International Edition, 2015, 54(51): 15424-15428.

[10] PROTESESCU L, YAKUNIN S, BODNARCHUK M I, et al. Nanocrystals of cesium lead halide perovskites ($CsPbX_3$, X = Cl, Br, and I): novel optoelectronic materials showing bright emission with wide color gamut[J]. Nano Letters, 2015, 15(6): 3692-3696.

[11] LI X, WU Y, ZHANG S, et al. CsPbX$_3$ quantum dots for lighting and displays: room-temperature synthesis, photoluminescence superiorities, underlying origins and white light-emitting diodes[J]. Advanced Functional Materials, 2016, 26(15): 2435-2445.

[12] XU Y F, YANG M Z, CHEN B X, et al. A CsPbBr$_3$ perovskite quantum dot/graphene oxide composite for photocatalytic CO$_2$ reduction[J]. Journal of the American Chemical Society, 2017, 139(16): 5660-5663.

[13] HAN J S, LE Q V, CHOI J, et al. Air-stable cesium lead Iodide perovskite for ultra-low operating voltage resistive switching[J]. Advanced Functional Materials, 2018, 28(5): 1705783.

[14] KULBAK M, GUPTA S, KEDEM N, et al. Cesium enhances long-term stability of lead nromide perovskite-based solar cells[J]. The Journal of Physical Chemistry Letters, 2016, 7(1): 167-172.

[15] MIZUSAKI J, ARAI K, FUEKI K. Ionic conduction of the perovskite-type halides[J]. Solid State Ionics, 1983, 11(3): 203-211.

[16] MELONI S, MOEHL T, TRESS W, et al. Ionic polarization-induced current-voltage hysteresis in MAPbX$_3$ perovskite solar cells[J]. Nature Communications, 2016, 7: 10334.

[17] PAN D, FU Y, CHEN J, et al. Visualization and studies of Ion-diffusion kinetics in cesium lead bromide perovskite nanowires[J]. Nano Letters, 2018, 18(3): 1807-1813.

[18] EAMES C, FROST J M, BARNES P R F, et al. Ionic transport in hybrid lead Iodide perovskite solar cells[J]. Nature Communications, 2015, 6: 7497.

[19] NARAYAN R L, SARMA M V S, SURYANARAYANA S V. Ionic conductivity of CsPbCl$_3$ and CsPbBr$_3$[J]. Journal of Materials Science Letters, 1987, 6(1): 93-94.

[20] NARAYAN R L, SURYANARAYANA S V. Transport properties of the perovskite-type halides[J]. Materials Letters, 1991, 11(8): 305-308.

[21] ZHANG L, ZENG Q, WANG K. Pressure-Induced structural and optical properties of Inorganic halide perovskite CsPbBr$_3$[J]. The Journal of Physical Chemistry Letters, 2017, 8(16): 3752-3758.

[22] XIAO G, CAO Y, QI G, et al. Pressure effects on structure and optical properties in cesium lead bromide perovskite nanocrystals[J]. Journal of the American Chemical Society, 2017, 139(29): 10087-10094.

[23] NAGAOKA Y, HILLS-KIMBALL K, TAN R, et al. Nanocube superlattices of cesium lead bromide perovskites and pressure-induced phase transformations at atomic and mesoscale levels[J]. Adv Mater, 2017, 29(18).

[24] OU T, YAN J, XIAO C, et al. Visible light response, electrical transport, and amorphization in compressed organolead Iodine perovskites[J]. Nanoscale, 2016, 8(22): 11426-11431.

[25] YAN H, OU T, JIAO H, et al. Pressure dependence of mixed conduction and photo responsiveness in organolead tribromide perovskites[J]. The Journal of Physical Chemistry Letters, 2017, 8(13): 2944-2950.

[26] LIANG J, WANG C, WANG Y, et al. All-inorganic perovskite solar cells[J]. Journal of the American Chemical Society, 2016, 138(49): 15829-15832.

[27] TAN Z-K, MOGHADDAM R S, LAI M L, et al. Bright light-emitting diodes based on organometal halide perovskite[J]. Nature Nanotechnology, 2014, 9: 687.

[28] XING G, MATHEWS N, LIM S S, et al. Low-temperature solution-processed wavelength-tunable perovskites for lasing[J]. Nature Materials, 2014, 13: 476.

[29] YIN W J, WU Y, WEI S H, et al. Engineering grain boundaries in $Cu_2ZnSnSe_4$ for better cell performance: a first-principle study[J]. Advanced Energy Materials, 2014, 4(1): 1300712.

[30] ABOU-RAS D, SCHMIDT S S, CABALLERO R, et al. Confined and chemically flexible grain boundaries in polycrystalline compound semiconductors[J]. Advanced Energy Materials, 2012, 2(8): 992-998.

[31] ZHANG L, DA SILVA J L F, LI J, et al. Effect of copassivation of Cl and Cu on CdTe grain boundaries[J]. Physical Review Letters, 2008, 101(15): 155501.

[32] YIN W J, SHI T, YAN Y. Unique properties of halide perovskites as possible origins of the superior solar cell performance[J]. Advanced Materials, 2014, 26(27): 4653-4658.

[33] DE QUILETTES D W, VORPAHL S M, STRANKS S D, et al. Impact of microstructure on local carrier lifetime in perovskite solar cells[J]. Science, 2015, 348(6235): 683-686.

[34] XU J, BUIN A, IP A H, et al. Perovskite-fullerene hybrid materials suppress hysteresis in planar diodes[J]. Nature Communications, 2015, 6: 7081.

[35] DE MARCO N, ZHOU H, CHEN Q, et al. Guanidinium: a route to enhanced carrier lifetime and open-circuit voltage in hybrid perovskite solar cells[J]. Nano Letters, 2016, 16(2): 1009-1016.

[36] THIND A S, LUO G, HACHTEL J A, et al. Atomic structure and electrical activity of grain boundaries and ruddlesden-popper faults in cesium lead bromide perovskite[J]. Advanced Materials, 2019, 31(4): 1805047.

[37] EGGER D A, KRONIK L, RAPPE A M. Theory of hydrogen migration in organic-inorganic halide perovskites[J]. Angewandte Chemie International Edition, 2015, 54(42): 12437-12441.

[38] AZPIROZ J M, MOSCONI E, BISQUERT J, et al. Defect migration in methylammonium lead Iodide and its role in perovskite solar cell operation[J]. Energy & Environmental Science, 2015, 8(7): 2118-2127.

[39] HARUYAMA J, SODEYAMA K, HAN L, et al. First-principles study of Ion diffusion in

perovskite solar cell sensitizers[J]. Journal of the American Chemical Society, 2015, 137(32): 10048 - 10051.

[40] YIN W J, SHI T, YAN Y. Unusual defect physics in MAPbI$_3$ perovskite solar cell absorber[J]. Applied Physics Letters, 2014, 104(6): 063903.

[41] ANDRADE C. Calculation of chloride diffusion coefficients in concrete from ionic migration measurements[J]. Cement and Concrete Research, 1993, 23(3): 724 - 742.

[42] HOKE E T, SLOTCAVAGE D J, DOHNER E R, et al. Reversible photo - induced trap formation in mixed - halide hybrid perovskites for photovoltaics[J]. Chemical Science, 2015, 6(1): 613 - 617.

[43] BAG M, RENNA L A, ADHIKARI R Y, et al. Kinetics of ion transport in perovskite active layers and its implications for active layer stability[J]. Journal of the American Chemical Society, 2015, 137(40): 13130 - 13137.

[44] LIN Q, ARMIN A, NAGIRI R C R, et al. Electro - optics of perovskite solar cells[J]. Nature Photonics, 2014, 9: 106.

[45] GOTTESMAN R, HALTZI E, GOUDA L, et al. Extremely slow photoconductivity response of MAPbI$_3$ perovskites suggesting structural changes under working conditions[J]. The Journal of Physical Chemistry Letters, 2014, 5(15): 2662 - 2669.

[46] KIM G Y, SENOCRATE A, YANG T Y, et al. Large tunable photoeffect on ion conduction in halide perovskites and implications for photodecomposition[J]. Nature Materials, 2018, 17(5): 445 - 449.

[47] JUAREZ - PEREZ E J, SANCHEZ R S, BADIA L, et al. Photoinduced giant dielectric constant in lead halide perovskite solar cells[J]. The Journal of Physical Chemistry Letters, 2014, 5(13): 2390 - 2394.

[48] SELIG O, SADHANALA A, MÜLLER C, et al. Organic cation rotation and immobilization in pure and mixed methylammonium lead - halide perovskites[J]. Journal of the American Chemical Society, 2017, 139(11): 4068 - 4074.